ZHONGXIAOXUESHENG ZHIFU JISHU
BIAOZHUN GUIFAN

中小学生制服技术标准规范

牛海波◎主 编

贡利华 张 静◎副主编

范树林 臧莉静 王振贵 马存义 孙 超 宋敬轩 程永利◎参 编

 中国纺织出版社有限公司

内 容 提 要

本书是针对中小学生制服技术标准而制订的相关技术性规范，从保证学生校服产品品质的需求出发，确保校服质量，更好地保护中小学生健康安全。并依据国家 GB/T 31888—2015《中小学生校服》标准，从利于广大青少年健康成长的角度来制定标准，全面规范制式校服的生产加工工艺和质量要求，构筑中小学生校服质量的安全防线。标准的使用与技术规范的要求，主要是指标准在推行使用过程中指导企业执行、生产、交换、完善技术指标，规范生产工艺，提高生产效率，把控质量品质，起到了很好的参考和借鉴作用，并有较强的市场适应性。

图书在版编目（CIP）数据

中小学生制服技术标准规范 / 牛海波主编 . -- 北京：中国纺织出版社有限公司，2021.4

ISBN 978-7-5180-8424-1

Ⅰ．①中… Ⅱ．①牛… Ⅲ．①中小学生 — 制服 — 技术标准 — 中国 Ⅳ．①TS941.732-65

中国版本图书馆 CIP 数据核字（2021）第 053127 号

责任编辑：宗 静　　责任校对：王花妮　　责任印刷：王艳丽

中国纺织出版社有限公司出版发行
地址：北京市朝阳区百子湾东里 A407 号楼　邮政编码：100124
销售电话：010 — 67004422　传真：010 — 87155801
http://www.c-textilep.com
中国纺织出版社天猫旗舰店
官方微博 http://weibo.com/2119887771
三河市宏盛印务有限公司印刷　各地新华书店经销
2021 年 4 月第 1 版第 1 次印刷
开本：787×1092　1/16　印张：8
字数：147 千字　定价：68.00 元

前言

本书是依据国家GB/T 31888—2015《中小学生校服》标准而制订的《中小学生制服技术标准规范》。是指导企业执行、生产、交换、完善技术指标，规范生产工艺，提高生产效率，把控质量品质，建立完善的监督管理体系。促进校服企业提高产品质量安全水平，美化产品款式，在保证中小学生安全健康舒适的同时，更好地顺应社会发展与国际接轨，设计研发出能体现各地域文化的新颖别致的制式校服，打造学生积极向上的精神气质和阳光活泼的良好形象。

在编写本书的过程中，作者通过走访学校、企业，了解中小学生校服在生产、销售、使用、售后等方面存在的问题，查阅了大量的相关资料，并同河北省教育装备管理中心、鸿鹄雨教育科技有限公司、邢台职业技术学院政校企三方对石家庄、邢台等地中小学校进行调研走访，对在校学生使用校服情况进行问卷调查和督导，为编写本书起到了很好的借鉴和参考作用。

本书共分6章。第1章，中小学生制服概述，编写人为牛海波；第2章，中小学生制服号型分类，编写人为臧莉静；第3章，学生制服面辅料成分分类及检验标准，编写人为牛海波；第4章，工业用样板制作规范要求，编写人为张静；第5章，中小学生制服工艺技术标准，编写人为贡利华；第6章，检测方法及包装，编写人为范树林、王振贵、马存义、孙超；附录，编写人为宋敬轩、程永利。

本书在编写过程中，得到了邢台职业技术学院马东霄院长、李贤彬副院长、刘卫红副院长、褚建立副院长的关心与指导，在此一并表示感谢。

因水平有限，书中内容难免有不妥之处，敬请读者批评指正。

作者

2020年8月

U0186089

编审委员会成员

目　录

第1章　中小学生制服概述 1

1.1　中小学生制服概念及发展 1

1.2　中小学生制服的主要功能 2

    1.2.1　保护功能 2

    1.2.2　装饰功能 2

    1.2.3　标识功能 2

1.3　中小学生制服的技术要求 2

1.4　中小学生制服款式的设计要求 3

    1.4.1　标样 3

    1.4.2　款式图 3

    1.4.3　款式分析 4

    1.4.4　配饰 5

    1.4.5　胸部和腰部区域的绳带 5

    1.4.6　臀围线以下服装下摆绳带 6

    1.4.7　背部 6

    1.4.8　袖子 6

    1.4.9　其他部位 7

    1.4.10　高可视警示性标志 7

    1.4.11　外观设计安全 7

    1.4.12　标签 7

    1.4.13　强力要求 7

    1.4.14　洗后外观及耐洗性 7

第2章　中小学生制服号型分类 8

2.1　产品号型与规格 8

2.2　学生服装号型 9

2.2.1 小学生服装号型 9

2.2.2 中学生服装号型 11

2.2.3 高等中学生服装号型 12

2.3 中小学生制服成品规格尺寸 13

2.3.1 小学生制服成品规格尺寸 13

2.3.2 初等中学生制服成品规格尺寸 15

2.3.3 高等中学生制服成品规格尺寸 18

第3章 学生制服面辅料成分分类及检验标准 22

3.1 中小学生制服面辅料成分分类 22

3.1.1 天然纤维类 22

3.1.2 人造纤维类 22

3.1.3 合成纤维类 23

3.2 中小学生制服检验标准 24

3.2.1 抽样检测方法 24

3.2.2 布料检验 24

3.2.3 服装质量检验 25

3.2.4 服装一般外观质量要求 27

第4章 工业用样板制作规范要求 29

4.1 概念 29

4.2 工业用样板的特点 29

4.3 工业用样板的标准化 30

4.3.1 样板的技术含量 30

4.3.2 样板的权威性 30

4.4 工业用样板的专门化 30

4.4.1 服装规格 30

4.4.2 服装结构 31

4.4.3 样板在服装生产中的作用 31

4.5 工业用样板的分类 31

4.5.1 净样板 31

4.5.2 毛样板 31

4.5.3 表布样板 31

4.5.4 里布样板 31

4.5.5 衬料样板 31

4.5.6 模具样板 32

4.5.7 生产用样板 32

4.5.8 工业用样板整理 32

4.6 工业用样板制作方法 32

4.7 制作工业用样板的工具及材料 33

4.7.1 制作样板的工具 33

4.7.2 制作服装样板的材料 33

4.8 样板制作的技术依据 33

4.8.1 款式结构图 33

4.8.2 服装成衣规格 33

4.9 裁剪样板的制作 34

4.9.1 样板的放缝 34

4.9.2 样板上必要的文字标注 35

4.10 工业用样板的订正与确认 35

4.10.1 样板的订正 35

4.10.2 样板的确认 36

4.11 工业用样板的检验 37

4.11.1 样板检验的项目 37

4.11.2 样板检验的方法 37

4.11.3 样板检验的内容 38

4.12 工业用样板的技术管理 39

4.12.1 样板的登记 39

4.12.2 样板的存放保管要求 39

4.12.3 样板的领用制度 39

第5章 中小学生制服工艺技术标准 40

5.1 中小学生制服衬衫缝制工艺说明 40

5.2 中小学生制服裤子缝制工艺说明 45

5.3 中小学生制服女西服缝制工艺说明 51

5.4 中小学生制服男西服缝制工艺说明 59

5.5 中小学生制服生产工序划分 67

5.5.1 中小学生制服男西服生产工序划分 67

5.5.2 中小学生制服男西裤生产工序划分 73

5.5.3 中小学生制服女西服生产工序划分 76

5.5.4 中小学生制服衬衫生产工序划分 81

5.5.5 中小学生制服裙子生产工序划分 84

5.6 中小学生制服工艺要求 86

5.6.1 中小学生制服缝纫针距密度要求 86

5.6.2 中小学生制服熨烫要求 87

5.6.3 中小学生制服外观质量要求 87

5.7 理化性能 89

5.7.1 基本安全性能 89

5.7.2 色牢度 90

5.7.3　耐用性 ··· 91

5.7.4　舒适性 ··· 93

5.7.5　纤维成分含量 ··· 93

第6章　检测方法及包装 ··· 94

6.1　检验工具及测量规定 ·· 94

6.1.1　检验工具 ··· 94

6.1.2　成品规格测量规定 ··· 94

6.1.3　外观质量检验规定 ··· 95

6.2　内在质量检验规定 ·· 95

6.2.1　基本安全性能检验规定 ··· 95

6.2.2　耐用性检验规定 ··· 96

6.2.3　舒适性检验规定 ··· 96

6.3　其他检验方法介绍 ·· 97

6.3.1　针检验方法 ··· 97

6.3.2　拼接互染程度测试方法 ··· 97

6.3.3　缝口脱开程度检验方法 ··· 98

6.3.4　附件抗拉强力检验方法 ··· 98

6.4　检验分类及规则 ·· 99

6.4.1　检验分类 ··· 99

6.4.2　抽样规定 ··· 99

6.4.3　判定规则 ··· 100

6.5　包装、贮存和运输 ·· 102

附录 ·· 103

附录1　GB/T 31888—2015《中小学生校服》国家标准 ··················· 103

附录2　儿童服装标准 ··· 111

附录3　纺织品服装标志 ·· 113

附录4　学生制服面料检测标准 ·· 114

参考文献 ··· 116

第1章　中小学生制服概述

1.1　中小学生制服概念及发展

校服作为在校生（幼儿、小学生、中学生）穿着的制服，追溯其根源，校服是一种没有声音的语言，它用自身的款式、色彩、面料等，向人们诉说着一定历史时期的经济发展水平、审美观念和道德情操，也能反映出一个学校、一个地区的文化特色和办学理念。因此，中小学生制服是一种极具文化内涵的服饰，与普通的服装相比更是一种育人的元素符号，是学校各种仪式和权威的化身，是校园文化的载体。学生穿上具有集体标志的服装，会自觉地认为自身就是集体中的一员，集体荣誉和自身息息相关，学生穿着统一的服装，会在无形中实现自我的约束和管控，增强意志力，养成良好的行为方式。除此之外，中小学生制服在增强学生的平等意识、审美情趣等方面也有特殊的功能。

纵观中国的现代发展史，中小学生制服的样式一直有着鲜明的时代特征。从辛亥革命时期制服式校服，五四运动后的白色对襟上衣、黑裙子以及改良旗袍，到新中国成立之初的"干部服""列宁装"及白衬衫、蓝裤子的工人装，在不同的历史时期，中小学生制服被赋予不同的寓意，其代表着时代的变迁和文化的进步。事实上，中小学生制服已经是一个国家服饰文化的重要组成部分，有着重要的文化价值和历史地位，是一个国家的教育理念和服饰文化的重要体现。中小学生制服不仅是学生们的在校着装，更是展现中国青少年精神面貌的标志。

改革开放以来，宽松的运动装逐渐成为中小学生制服的主流。这种中小学生制服价格低廉，方便运动，有利于培养学生朴素的生活作风，但其款式单调，不美观，穿着宽松肥大，不区分男女，压抑了性别意识，使青少年失去了应有的青春活力和对美的追求。一位教育界专家表示："校服代表着年轻一代的精神面貌，学生需要个性化发展，要能体现青少年的天真烂漫和多姿多彩，中国的素质教育不仅要从教育政策等入手，更需要重塑青少年的个性和自信。"

我国中小学生制服的革新已是大势所趋，众望所归。我们要认识到，中小学生制服不仅是一种学校的识别标志，更是校园文化的重要组成部分，其体现着学校的办学特色和文化积淀。我国现有的运动中小学生制服与现代教育理念已经不能融合，中小学生制服设计应该更多地体现时尚风格，彰显学生个性。随着社会的快速发展，我国中小学生制服应该跟上时代节奏，体现时代风貌，展现当代学生的青春风采。

1.2　中小学生制服的主要功能

学生制服的功能，一方面用来统一和凝聚，另一方面用来区别和隔绝。制服是指一群相同团体的人所穿着的统一样式的服装，用以辨识从事各个职业和级别，例如初级护士的制服是粉红色，而正式护士是白色。像学生、军队、医师、护士和警察等职业的人经常穿着制服。制服是生活中角色扮演的道具，表示服从某种规章制度下的一种特定服装。

1.2.1　保护功能
学生在室外活动时，防止撞击、撕裂、磨损并能够起到保护皮肤、防风、抗寒等作用。

1.2.2　装饰功能
体现校园文化内涵、区别地域特点、美化个人形象等装饰功能的服装。

1.2.3　标识功能
学生制服还可以体现所属的群体对服装附属品的装饰效果，比如校徽、胸花、领带、商标等区别不同学校的着装风格和服装特点。

1.3　中小学生制服的技术要求

中小学生制服属于团体制服，具有较强的统一性，也是有强制、制约、有规定样式的服装。规范使用《中小学生校服标准》，也是引导、规范服装生产企业严把校服生产质量第一关。

技术要求是中小学生校服标准的核心内容。标准的安全要求和内在质量规定甲醛、pH值、可分解致癌芳香胺染料等含量执行强制性国家标准《国家纺织产品基本安全技术规范》直接接触皮肤的B类要求。燃烧性能、附件锐利性、服装绳带和残留金属针等执行强制性国家标准《婴幼儿及儿童纺织产品安全技术规范》的要求。中小学生校服产品质量较一般服装产品的要求更高，部分指标达到优等品水平，包括色牢度、起球、顶破强力（针织类）、断裂强力（机织类）、胀破强力（毛针织类）、接缝强力、接缝处纱线滑移、水洗尺寸变化率、水洗后扭曲率和水洗后外观等，标准指标水平与现行儿童服装、学生服等标准的一等品指标相当，特别是色牢度、水洗尺寸变化率和起毛起球这些消费者易感知的产品质量，在个别项目或某些品种上达到了优等品指标。

技术要求在面料纤维成分中规定，直接接触皮肤的产品棉纤维含量不低于35%，以保证校服的舒适性；标准在外观质量方面进行了简化，重点关注可视的关键因素；标准将疵点划分为色差、布面疵点；对称部位尺寸差异、部件缺陷等，其指标水平与现行儿童服装、学生服等标准的一等品甚至优等品指标相当。

1.4　中小学生制服款式的设计要求

1.4.1　标样
以中小学生春秋制式服装为该产品的标样（款式标样只作为示例，仅供参考）。

1.4.2　款式图
中小学生春秋制式服装男女为同款系列，上装为单排两粒扣平驳头西服样式，下装女款搭配褶裙，男款搭配裤子，内搭衬衫，西服袖口、领边、门襟、袋盖边缘处包条。服饰品搭配采用男款配领带女款配领结。颜色以当季流行为主，此款为上衣藏青色、下衣浅驼色，采用全粘衬工艺。

中小学生春秋制式服装（两粒扣）款式图，如图1-1～图1-8所示。

图1-1　女款中小学春秋制服上装　　　　　图1-2　男款中小学春秋制服上装

图1-3　女款中小学春秋季褶裙

图1-4　男款中小学春秋季裤子

图1-5　男款中小学春秋制服套装

图1-6　女款中小学春秋制服套装

图1-7　女款中小学夏季衬衫搭配领结

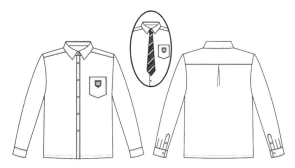

图1-8　男款中小学夏季衬衫搭配领带

1.4.3　款式分析

（1）款式细节：平驳领两粒扣下圆角西服，袖口装饰扣各为2粒，左侧胸配有校标，单嵌线口袋，袖口、领边、门襟、袋盖边缘处包银灰色滚条，上衣内装夹里。女款下衣为六片式褶裙，后中装隐形拉链，裙内夹里；男款下衣为修身板型，两侧斜插袋，有腰头，前裤片左右各设一个单褶，后裤片左右各设一个暗省。衬衫为修身型，女款配领结，男款配领带，门襟6粒纽扣，袖口各为1粒纽扣，衬衫领结构。

（2）领标：位置在底领后正中，采用无标识领标（领标规格1cm×6.3cm）。

（3）洗唛：上衣位于左侧摆缝，下衣位于左前袋袋布上（洗唛上要求注明制作单位）。

1.4.4　配饰

中小学生制服配饰应符合中小学生校服标准中的锐利性要求。领带、领结、领花等宜采用容易解开的方式。

（1）拉带、抽绳、带襻的自由端，功能性绳索、腰带末端不允许打结或使用立体装饰物，为了防止其磨损散开，采用热割或滚边，在不引起缠绕危险的前提下宜采用重叠或折叠的方法。打结或立体装饰物不允许有自由端。

（2）套环只能用于无自由端的拉带和装饰性绳索。

（3）在拉带两出口点中间处应固定拉带，固定方式可采用套结等方法。某些允许用抽绳的部位，抽绳应确保固定结实，至少在出口处一定距离打套结。

（4）服装上固定有凸显的襻带，扣紧时的边长度不超过7.5cm。固定平贴的带襻（腰带环）从两端固定点量起，长度不超过7.5cm。

备注：服装内部的功能性吊襻及其他带襻，当风险评估显示它们对穿着者无危险时允许。

（5）拉链头包括装饰的规格尺寸从拉链滑锁量起长度不超过7.5cm。

（6）裤长至脚踝的裤装上拉链头或装饰物不超过裤装底边。

1.4.5　胸部和腰部区域的绳带

（1）穿着在腰部以下的服装，如裤子、短裤、裙子、内裤、泳裤等。

a.服装在自然松弛状态时，拉带的自由端长度不应超过20cm。

b.拉带不允许有自由端，当服装放平摊开至最大宽度时，不应有突出的带襻。套环用作调节拉带应无自由端，套环应固定在服装上。

c.功能性绳索长度自由端外露超过20cm。

d.装饰性绳索包括装饰物长度超过14cm。

（2）如衬衫、外套、连衣裙和工装服。

a.当服装放平摊开至最大宽度时，拉带的自由端长度不应超过14cm。

b.拉带不允许有自由端，当服装放平摊开至最大宽度时，不应有突出的带袢。套环用作调节拉带应无自由端，套环应固定在服装上。

c.功能性绳索长度超过14cm。

d.装饰性绳索包括装饰物长度超过14cm。

e.所有服装腰部区域的可调节搭襻（含附件）长度不能超过14cm。

f.对于幼童，打结腰带或装饰腰带在背部时从系着点量起不超过36cm，未系时长度不超出服装底边。

g.对于大童和青少年，腰带打结或腰带装饰在背部时从系着点量起不超过36cm。

h.对于服装正面或侧面的打结腰带或装饰腰带，腰带未打结状态时从系着点量起长度不超过36cm。

1.4.6 臀围线以下服装下摆绳带

（1）如果衣服下摆超过了臀部，底摆上的拉带、装饰绳、功能绳（包含绳上的绳扣）不能出现在下摆外。

（2）如果拉带出现在衣服下边缘，当服装底边收紧时，拉带或绳索不能翻转必须平放在服装上。

（3）上衣、裤子、裙子（款式到脚踝处）的下摆处不能有拉带、装饰绳、功能绳外露，必须全部隐蔽在衣服内。裤子底边缘的皮筋允许外露。

（4）可以调节的搭襻长度应不超过14cm，且要位于服装下摆之上，自由端上不含有纽扣、套环、带扣的可装调节搭襻。

1.4.7 背部

（1）服装背部不能露出系着的拉带、功能绳及装饰性绳索。

（2）装饰性绳索长度不超过7.5cm，绳索上不得含有绳结、套环或立体装饰物。

（3）可以调节的搭襻襻长度应不超过7.5cm，且要位于服装下摆之上，搭襻自由端上不含有纽扣、套环、带扣。

（4）允许使用打结和装饰腰带。

1.4.8 袖子

（1）对于长袖服装，袖口收紧时，袖口的抽绳、装饰绳、功能绳必须全部隐蔽在衣服袖口内。

（2）装在肘关节以下的长袖上的拉带、功能绳和装饰绳，必须全部隐蔽在衣袖内，且自由端不超过7.5cm。

（3）对于幼童装，在肘关节以上的短袖展开平放时，袖口处拉带、绳索不超过7.5cm。

（4）对于大童和青少年，短袖款服装袖子长度在肘部以上时，拉带、装饰绳、功能绳可以外露，将袖子放平摊开至最大宽度时外露长度不能超过14cm。

（5）袖子上可调节的搭襻不超过10cm，搭襻打开时不能垂至衣服下摆。

1.4.9　其他部位

上述没有提及的其他部位，拉带、功能绳、装饰绳可以外露，但当服装放平摊开至最大宽度时，外露长度不超过14cm。

1.4.10　高可视警示性标志

如果需要配置高可视警示性标志，应符合GB/T 28468—2012《中小学生交通安全反光校服》的要求。

1.4.11　外观设计安全

标准中不可能包括所有服装潜在的危险。本书只是针对设计方面选择具有代表性的方面进行说明。

（1）学生装外观设计应要符合学生的身份，不可怪异独行。

（2）学生装的设计要符合学生的年龄的特征，分割线设计要符合人体工程学要求，不得阻碍人体正常的活动范围，服装各部位的长度要避开各关节运动热点。

（3）立体口袋、连帽、领子等部位的设计不要过大，以免造成活动阻碍。

1.4.12　标签

标签要求包括号型、纤维含量护理内容、原产国等相关的规定。校服的生产企业须在产品标签上注明：生产企业名称、商标标志、企业地址、联系电话，并注明产品原材料成分、规格（型号）、执行的标准、使用与洗涤注意事项等信息。

1.4.13　强力要求

强力包括织物、口袋、拉链和加固应力集中点的接缝强力、金属附件和实用装饰品的固定强力以及敷黏合衬部位剥离强力等。

1.4.14　洗后外观及耐洗性

洗后外观是指接缝外观和褶皱外观。印花和涂层的耐洗性、拼色和绣花线的耐洗性要求、拉链及纽扣的耐洗性等都要符合国家相关要求（参照GB/T 5713—2013《纺织品色牢度试验　耐水色牢度》）。

第2章　中小学生制服号型分类

2.1　产品号型与规格

中小学生制服号型或规格标注应符合相关国家标准、行业标准的规定。中小学生服装一般按照GB/T 1335—2008或GB/T 6411—2008执行。

号型定义：号指人体的身高，型指人体的胸围、腰围，以cm为单位，体型指胸围与腰围的差数。

号型规格系列：身高以5cm分档组成系列；胸围以4cm分档，组成系列；腰围以4cm或2cm分档（婴儿、儿童以3cm分档）组成系列；身高与胸围搭配分别组成5·4号型系列（7·4、10·4）；身高与腰围搭配分别组成5·4或5·2系列（7·3、10·3）。

号型表示方法：上装：165/88A，表示：号（身高）/型（净胸围）体型分类代号。

165——人体身高，单位厘米；

88——人体胸围，单位厘米；

A——体型分类代号。

体型分类的代号及胸围和腰围的差数范围见表2-1。

表2-1　体型分类代号　　　　　　　　　　　单位：cm

体型分类代号	胸围和腰围的差数	
	男	女
Y	17～22	19～24
A	12～16	14～18
B	7～11	9～13
C	2～6	4～8

2.2　学生服装号型

2.2.1　小学生服装号型

学生服装号型系列使用详解，号型系列以各体型中间体为中心，向两边依次递增或递减组成。

身高 90～130cm 儿童，身高以 10cm 分档，胸围以 4cm 分档，腰围以 3cm 分档，分别组成 10·4 和 10·3 系列。

身高 135～155cm 女童，135～160cm 男童，身高以 5cm 分档，胸围以 4cm 分档，腰围以 3cm 分档，分别组成 5·3 和 5·4 系列。

（1）身高为 90～130cm 的小学生上装 10·4 系列，见表 2-2。

表 2-2　小学生上装号型系列　　　　　　　单位：cm

号	型				
90	48	—	—	—	—
100	48	52	56	—	—
110	48	52	56	—	—
120	—	52	56	60	—
130	—	—	56	60	64

（2）身高为 90～130cm 小学生下装 10·3 系列，见表 2-3。

表 2-3　小学生下装号型系列　　　　　　　单位：cm

号	型				
90	47	—	—	—	—
100	48	50	53	—	—
110	48	50	53	—	—
120	—	50	53	56	—
130	—	—	53	56	59

（3）身高为 135～160cm 小学生男上装 5·4 系列，见表 2-4。

表2-4　小学生男上装号型系列　　　　　　　　　　单位：cm

号	型					
135	60	64	68	—	—	—
140	60	64	68	—	—	—
145	—	64	68	72	—	—
150	—	64	68	72	—	—
155	—	—	68	72	76	—
160	—	—	—	72	76	80

（4）身高为135～160cm小学生男下装5·3系列，见表2-5。

表2-5　小学生男下装号型系列　　　　　　　　　　单位：cm

号	型					
135	54	57	60	—	—	—
140	54	57	60	—	—	—
145	—	57	60	63	—	—
150	—	57	60	63	—	—
155	—	—	60	63	66	—
160	—	—	—	63	66	69

（5）身高为135～160cm小学生女上装5·4系列，见表2-6。

表2-6　小学生女上装号型系列　　　　　　　　　　单位：cm

号	型					
135	56	60	64	—	—	—
140	—	—	64	—	—	—
145	—	—	64	68	—	—
150	—	—	64	68	72	—
155	—	—	—	68	72	76

（6）身高为135～160cm小学生女下装5·3系列，见表2-7。

表2-7　小学生女下装号型系列　　　　　　　　　　单位：cm

号	型					
135	49	52	55	—	—	—
140	—	52	55	—	—	—
145	—	—	55	58	—	—
150	—	—	55	58	61	—
155	—	—	—	58	61	64

2.2.2　中学生服装号型

（1）初等中学生男子服装5·4、5·2A号型系列，见表2-8。

表2-8　初等中学生男子服装5·4、5·2A号型系列　　　　　　　　单位：cm

身高 胸围\腰围	A体型														
	155			160			165			170			175		
72	—	—	—	56	58	60	56	58	60	—	—	—	—	—	—
76	60	62	64	60	62	64	60	62	64	60	62	64	—	—	—
80	64	66	68	64	66	68	64	66	68	64	66	68	—	—	—
84	68	70	72	68	70	72	68	70	72	68	70	72	68	70	72
88	72	74	76	72	74	76	72	74	76	72	74	76	72	74	76
92	—	—	—	76	78	80	76	78	80	76	78	80	76	78	80
96	—	—	—	—	—	—	80	82	84	80	82	84	80	82	84

（2）初等中学生女子服装5·4、5·2A号型系列，见表2-9。

表2-9　初等中学生女子服装5·4、5·2A号型系列　　　　　　　　　　单位：cm

腰围\身高 胸围	A体型														
	145			150			155			160			165		
72	—	—	—	54	56	58	54	56	58	54	56	58	—	—	—
76	58	60	62	58	60	62	58	60	62	58	60	62	—	—	—
80	62	64	66	62	64	66	62	64	66	62	64	66	—	—	—
84	66	68	70	66	68	70	66	68	70	66	68	70	66	68	70
88	70	72	74	70	72	74	70	72	74	70	72	74	70	72	74
92	—	—	—	74	76	78	74	76	78	74	76	78	74	76	78

2.2.3　高等中学生服装号型

（1）高等中学生男子服装5·4、5·2A号型系列，见表2-10。

表2-10　高等中学生男子服装5·4、5·2A号型系列　　　　　　　　　　单位：cm

腰围\身高 胸围	A体型														
	165			170			175			180			185		
72	56	58	60	—	—	—	—	—	—	—	—	—	—	—	—
76	60	62	64	60	62	64	60	62	64	60	62	64	—	—	—
80	64	66	68	64	66	68	64	66	68	64	66	68	—	—	—
84	68	70	72	68	70	72	68	70	72	68	70	72	68	70	72
88	72	74	76	72	74	76	72	74	76	72	74	76	72	74	76
92	76	78	80	76	78	80	76	78	80	76	78	80	76	78	80
96	—	—	—	80	82	84	80	82	84	80	82	84	80	82	84
100	—	—	—	84	86	88	84	86	88	84	86	88	84	86	88

（2）高等中学生女子服装5·4、5·2A号型系列，见表2-11。

表 2-11　高等中学生女子服装 5·4、5·2A 号型系列　　　　　　　　　单位：cm

身高/腰围 胸围	A体型														
	155			160			165			170			175		
72	54	56	58	54	56	58	—	—	—	—	—	—	—	—	—
76	58	60	62	58	60	62	58	60	62	—	—	—	—	—	—
80	62	64	66	62	64	66	62	64	66	64	66	68	—	—	—
84	66	68	70	66	68	70	66	68	70	68	70	72	68	70	72
88	70	72	74	70	72	74	70	72	74	72	74	76	72	74	76
92	—	—	—	74	76	78	74	76	78	76	78	80	76	78	80
96	—	—	—	—	—	—	80	82	84	80	82	84	80	82	84
100	—	—	—	—	—	—	82	84	86	82	84	86	82	84	86

2.3　中小学生制服成品规格尺寸

2.3.1　小学生制服成品规格尺寸

（1）小学生制服春夏衬衣成品规格尺寸，见表 2-12。

表 2-12　小学生制服春夏衬衣成品规格尺寸　　　　　　　　　单位：cm

部位/号型	110/52	120/56	130/60	135/60	140/64	145/68	150/72	155/72	160/76	165/80
衣长	44	48	52	54	56	58	60	62	64	68
胸围	68	72	76	78	80	82	84	86	88	90
肩宽	31.5	33	34.5	35	35.5	36	36.5	37	37.5	38
短袖袖长	14	14.5	15	15.5	16	16.5	17	17.5	18	18.5
长袖袖长	38	42	46	48	50	52	54	56	58	60

（2）小学生制服春夏西服成品规格尺寸，见表 2-13。

表2-13　小学生制服春夏西服成品规格尺寸　　　　　　　　　　单位：cm

号型 部位	110/52	120/56	130/60	135/60	140/64	145/68	150/72	155/72	160/76	165/80
衣长	40	42	45	47	49	51	53	55	57	60
胸围	68	72	76	82	84	82	84	86	88	90
肩宽	31.5	33	34.5	35	35.5	36	36.5	37	37.5	38
袖长	39	43	47	49	51	53	55	57	59	61

（3）小学生制服春夏裤装、裙装成品规格尺寸，见表2-14。

表2-14　小学生制服春夏裤装、裙装成品规格尺寸　　　　　　　　单位：cm

号型 部位	110/48	120/50	130/52	135/54	140/57	145/60	150/60	155/63	160/66	165/69
腰围 （拉量）	66	70	73	75.5	78	80	82	84	86	89
腰围 （平量）	48	50	52	54	56	58	60	62	62	64
臀围	72	76	80	82.5	85	87.5	90	92.5	95	97.5
裤长 （长裤）	66	72.5	80	83	86	89	92	95	98	102
裤长 （短裤）	36	38	40	42	44	46	48	50	52	54
裙长	28	30	32	33.5	35	37.5	39	41.5	43	45.5

（4）小学生制服秋冬大衣、外套成品规格尺寸，见表2-15。

表2-15　小学生制服秋冬大衣、外套成品规格尺寸　　　　　　　　单位：cm

号型 部位	110/52	120/56	130/60	135/60	140/64	145/68	150/72	155/72	160/76	165/80
衣长	50	54.5	59	62.5	64	66.5	69	72.5	74	76.5
胸围	82	86	90	92	94	96	99	102	104	108
肩宽	31.5	33	34.5	35	35.5	36	36.5	37	37.5	38

号型 部位	110/52	120/56	130/60	135/60	140/64	145/68	150/72	155/72	160/76	165/80
袖长	39	43	47	49	51	53	55	57	59	61

2.3.2　初等中学生制服成品规格尺寸

（1）初等中学生制服春夏男子衬衣成品规格尺寸，见表2-16。

表2-16　初等中学生制服春夏男子衬衣成品规格尺寸　　　　　　单位：cm

号型 部位	A体型							
	150/68	155/70	160/74	165/78	165/82	170/86	175/90	180/94
衣长	61	64	67	70	73	76	79	82
胸围	84	88	92	96	100	104	108	112
肩宽	37	38	39	40	41	42	43	44
袖长（短袖）	17	18	19	20	21	22	23	24
袖长（长袖）	54	56	58	60	62	64	66	68

（2）初等中学生制服春夏女子衬衣成品规格尺寸，见表2-17。

表2-17　初等中学生制服春夏女子衬衣成品规格尺寸　　　　　　单位：cm

号型 部位	A体型					
	145/70	150/74	155/78	160/82	165/86	170/90
衣长	51	54	57	60	63	66
胸围	84	88	92	96	100	104
肩宽	34	35	36	37	38	39
袖长（短袖）	12	14	16	18	20	22
袖长（长袖）	53	55	57	59	61	63

（3）初等中学生制服春夏男子西服成品规格尺寸，见表2-18。

表2-18　初等中学生制服春夏男子西服成品规格尺寸　　　　　　单位：cm

部位 号型	A体型						
	155/70	160/74	165/78	165/82	170/86	175/90	180/94
衣长	64	67	70	73	76	79	82
胸围	86	90	94	98	102	104	108
肩宽	38	39	40	41	42	43	44
袖长	55	57	59	61	63	65	67

（4）初等中学生制服春夏女子西服成品规格尺寸，见表2-19。

表2-19　初等中学生制服春夏女子西服成品规格尺寸　　　　　　单位：cm

部位 号型	A体型					
	145/70	150/74	155/78	160/82	165/86	170/90
衣长	49	52	55	58	61	64
胸围	84	88	92	96	100	104
肩宽	35	36	37	38	39	40
袖长（长袖）	50	52	54	56	58	60

（5）初等中学生制服春夏男子裤装成品规格尺寸，见表2-20。

表2-20　初等中学生制服春夏男子裤装成品规格尺寸　　　　　　单位：cm

部位 号型	A体型						
	155/64	160/66	165/68	165/70	170/72	175/74	180/78
裤长	91	94	97	100	103	106	109
腰围	66	68	70	73	75	78	81
臀围	86	90	94	98	102	106	110
短裤裤长	39	40	42	44	46	48	50

（6）初等中学生制服春夏女子裤装、裙装成品规格尺寸，见表2-21。

表2-21　初等中学生制服春夏女子裤装、裙装成品规格尺寸　　　　　单位：cm

部位　　　号型	A体型					
	145/68	150/60	155/62	160/64	165/66	170/68
裤长	87	90	93	96	99	102
腰围	60	62	64	66	69	72
臀围	89	92	95	98	101	104
短裙长	39	41	43	45	47	49

（7）初等中学生制服春秋冬男子大衣、外套成品规格尺寸，见表2-22。

表2-22　初等中学生制服春秋冬男子大衣、外套成品规格尺寸　　　　　单位：cm

部位　　　号型	A体型					
	155/70	160/74	165/78	165/82	170/86	175/90	180/94
衣长	64	67	70	73	76	79	82
胸围	88	92	96	100	104	108	112
肩宽	39	40	41	42	43	44	45
袖长	55	57	59	61	63	65	67

（8）初等中学生制服春秋冬女子大衣、外套成品规格尺寸，见表2-23。

表2-23　初等中学生制服春秋冬女子大衣、外套成品规格尺寸　　　　　单位：cm

部位　　　号型	A体型					
	145/70	150/74	155/78	160/82	165/86	165/90	170/94
衣长	51	52	55	82	61	64	67
胸围	88	92	96	100	104	108	112
肩宽	35	36.5	37.5	38.5	39.5	41	42
袖长（长袖）	51	53	55	57	59	61	63

（9）初等中学生制服秋冬男子套装成品规格尺寸，见表2-24。

表2-24　初等中学生制服秋冬男子套装成品规格尺寸　　　　　　　单位：cm

部位 \ 号型	A体型						
	155/70	160/74	165/78	165/82	170/86	175/90	180/94
衣长	58	61	64	67	70	73	76
胸围	88	92	96	100	104	108	112
肩宽	39	40	41	42	43	44	45
袖长	53	55	57	59	62	64	66
裤长	90	93	96	99	102	105	108
腰围	68	70	72	74	76	78	80
臀围	90	93	96	99	102	105	108

（10）初等中学生制服秋冬女子套装成品规格尺寸，见表2-25。

表2-25　初等中学生制服秋冬女子套装成品规格尺寸　　　　　　　单位：cm

部位 \ 号型	A体型						
	145/70	150/74	155/78	160/82	165/86	165/90	170/94
衣长	51	54	57	60	63	66	69
胸围	84	88	92	96	100	104	108
肩宽	35	36	37	38	39	40	41
袖长	52	54	56	58	60	62	64
裤长	86	89	92	95	98	101	104
腰围	56	58	60	62	68	70	72
臀围	92	96	100	104	108	112	116

2.3.3　高等中学生制服成品规格尺寸

（1）高等中学生制服春夏男子衬衣成品规格尺寸，见表2-26。

表2-26　高等中学生制服春夏男子衬衣成品规格尺寸　　　　　　　　单位：cm

部位 ＼ 号型	A体型					
	165/80	165/84	170/88	175/92	180/94	185/98
衣长	70	73	76	79	82	85
胸围	100	104	108	112	116	120
肩宽	42	43	44	45	46	47
袖长（短袖）	20	21	22	23	24	25
袖长（长袖）	60	62	64	66	68	70

（2）高等中学生制服春夏女子衬衣成品规格尺寸，见表2-27。

表2-27　高等中学生制服春夏女子衬衣成品规格尺寸　　　　　　　　单位：cm

部位 ＼ 号型	A体型					
	150/76	155/80	160/84	165/88	170/92	175/96
衣长	54	57	60	63	66	69
胸围	88	92	96	100	104	108
肩宽	35	36	37	38	39	40
袖长（短袖）	12	13	14	15	16	17
袖长（长袖）	50	52	54	56	58	60

（3）高等中学生制服春夏男子西服成品规格尺寸，见表2-28。

表2-28　高等中学生制服春夏男子西服成品规格尺寸　　　　　　　　单位：cm

部位 ＼ 号型	A体型					
	165/80	165/84	170/88	175/92	180/94	185/98
衣长	70	73	76	79	82	85
胸围	96	100	104	108	112	116
肩宽	42	43	44	45	46	47
袖长	59	61	63	65	67	69

（4）高等中学生制服春夏女子西服成品规格尺寸，见表2-29。

表2-29　高等中学生制服春夏女子西服成品规格尺寸　　　　　单位：cm

部位＼号型	A体型					
	150/76	155/80	160/84	165/88	170/92	175/96
衣长	52	55	58	61	64	67
胸围	88	92	96	100	104	108
肩宽	36	37	38	39	40	41
袖长	52	54	56	58	60	62

（5）高等中学生制服春夏男子裤装成品规格尺寸，见表2-30。

表2-30　高等中学生制服春夏男子裤装成品规格尺寸　　　　　单位：cm

部位＼号型	A体型							
	155/62	160/65	165/68	165/71	170/74	175/77	180/81	185/84
裤长	91	94	97	100	103	106	109	112
腰围	64	67	70	73	76	79	82	85
臀围	90	94	98	102	104	108	112	116
短裤裤长	39	40	42	44	46	48	50	52

（6）高等中学生制服春夏女子裤装、裙装成品规格尺寸，见表2-31。

表2-31　高等中学生制服春夏女子裤装、裙装成品规格尺寸　　　　　单位：cm

部位＼号型	A体型					
	150/60	155/62	160/64	165/66	170/70	175/74
裤长	90	93	96	99	102	105
腰围	62	64	66	68	72	76
臀围	86	90	94	98	102	106
短裙长	41	43	45	47	49	51

（7）高等中学生制服春秋冬男子大衣、外套成品规格尺寸，见表2-32。

表2-32　高等中学生制服春秋冬男子大衣、外套成品规格尺寸　　　单位：cm

号型 部位	A体型					
	165/80	165/84	170/88	175/92	180/94	185/98
衣长	70	73	76	79	82	85
胸围	92	96	108	112	116	120
肩宽	41	42	43	44	45	46
袖长	59	61	63	65	67	69

（8）高等中学生制服春秋冬女子大衣、外套成品规格尺寸，见表2-33。

表2-33　高等中学生制服春秋冬女子大衣、外套成品规格尺寸　　　单位：cm

号型 部位	A体型					
	150/76	155/80	160/84	165/88	170/92	175/96
衣长	52	55	58	61	64	67
胸围	94	98	102	106	110	114
肩宽	36.5	37.5	38.5	39.5	41	42
袖长	53	55	57	59	61	63

第3章 学生制服面辅料成分分类及检验标准

3.1 中小学生制服面辅料成分分类

3.1.1 天然纤维类

（1）棉，是天然植物纤维，其织物具有吸湿透气、柔软舒适等特点，常用于内衣、童装和休闲服装等。全棉服装易皱、易缩水、不够挺括。为了改善服用性能，全棉面料通常采用后整理工艺，使其具有抗皱、防缩等性能。

（2）亚麻，是天然植物纤维，其织物具有吸湿、透气、导热性好，且挺括不易贴身等优点，多用于夏装面料。未经特殊处理的亚麻面料较为粗糙，穿着有刺痒感，所以亚麻服装大多要经过水洗、柔软整理等处理，使面料柔软舒适。

（3）真丝，是天然动物蛋白质纤维，具有光滑、柔软、富有光泽的特点，其织物多用于夏装面料，穿着舒适凉爽，轻薄透气，高贵典雅。为避免面料褪色和脆化，洗涤后不宜暴晒。

（4）羊毛，是天然动物蛋白质纤维，其织物具有手感柔软、保暖耐磨、富有弹性不易褶皱的特点，常用于制作大衣、西装、针织衫等。毛料服装要注意防霉防虫，大衣、西装等宜干洗，羊毛衫宜冷水洗涤，避免用力揉搓，防止羊毛毡缩。常见的毛纤维还有美利奴羊毛、羊仔毛、安哥拉兔毛、马海毛、骆驼毛等。

（5）山羊绒，是山羊的细绒毛，属于天然动物蛋白质纤维。亚洲克什米尔地区在历史上曾是山羊绒向欧洲输出的集散地，因此国际上习惯称山羊绒为"克什米尔"。由于羊绒品质卓越、风格独特，素有"纤维女王""软黄金"的称谓。羊绒面料具有纤细、轻薄、柔软、滑糯、保暖等特点，常用于高档服装面料。

3.1.2 人造纤维类

（1）黏胶纤维，黏胶纤维是以棉或其他天然纤维为原料生产的再生纤维素纤维。分棉型、毛型和长丝型，其他织物有人造棉、人造丝、竹纤维是近年来出现的高档黏胶纤维新品种。

（2）醋酯纤维，又称醋酸纤维，它是抽取木材中最柔嫩的部分加以溶化制丝后纺织而成的，多用于里布。

（3）人造棉，是一种黏胶纤维，又名嫘萦。在美国FTC纤维分类中，凡是用再生纤维分子做原料，而羟基中的氢含量不超过15%的都算人造棉。

（4）天丝，是英国Acocdis公司生产的莱赛尔（Lyocell）的商标名称，中文俗称为"天丝"，它是一种人造纤维素纤维。天丝纤维采用纯天然材料为原料，制造流程符合绿色环保的要求，堪称21世纪的"绿色纤维"。其织物具有棉的舒适、涤的强度、毛的豪华美感和丝的独特触感及悬垂性能，广泛应用于内衣、裙装和针织服装等。

（5）莫代尔，是一种全新的纤维素纤维，原料采用欧洲的榉木，经打浆、纺丝而成，并且在纤维生产过程中不产生类似黏胶纤维的严重污染环境问题，和天丝纤维一样都是绿色环保纤维，但其价格只是天丝纤维的一半。莫代尔纤维面料吸湿性能、透气性能优于纯棉织物。该纤维与棉、涤混纺、交织加工整理后的织物，具有丝绸般的光泽，悬垂性好，手感柔软、滑爽，有极好的尺寸稳定性和耐穿性，是制作高档服装、流行时装的首选面料。

（6）竹纤维，是我国自行开发研制并产业化的新型再生纤维素纤维，从天然的竹子中提取出的一种纤维素纤维，可以在瞬间吸收和蒸发水分，故被专家们誉为"会呼吸的纤维"。用这种纤维纺织成的面料具有吸湿性强、透气性好，有清凉感，有较强的耐磨性和良好的染色性能，同时又具有天然抗菌、抑菌、除螨、防臭和抗紫外线功能。

3.1.3　合成纤维类

（1）聚酯纤维，缩写为PET，俗称涤纶（Terylene），是广泛用于服装面料的一种合成纤维。涤纶面料具有悬垂挺括，抗皱耐用，色彩鲜艳，不易褪色的优点。缺点是不透气、不吸汗，易产生静电。涤纶服装洗涤保养简单，机洗、手洗均可。涤纶遇热易变形，所以熨烫时温度不能过高，中温熨烫。

（2）聚丙烯腈纤维，俗称腈纶、人造毛。聚丙烯腈纤维的性能极似羊毛，弹性较好，具有柔软、保暖、强力好的优点，但透气性差。根据不同用途可纯纺或与天然纤维混纺，面料被广泛用于服装、装饰等。

（3）聚酰胺纤维，缩写为PA，俗称尼龙（Nylon），也称锦纶。它是化学纤维中染色性能最好的，具有防水防风、耐磨的特点，弹性也很好，但耐热和耐光性较差。我们穿的袜子就常用尼龙这种材料。

（4）氨纶，学名聚氨酯纤维（Polyurethane）。它是一种弹力纤维，弹性好，手感平滑，氨纶织物在服装上得到了应用。氨纶主要用于满足舒适性要求需要拉伸的服装，如专业运动服、健身服、游泳衣、胸罩和吊带、牛仔裤、袜子、内衣等。

（5）莱卡（Lycra），是前杜邦全资子公司——英威达的一个商品名，由于杜邦公司在氨纶领域中的垄断地位，莱卡几乎成了所有氨纶纱的代名词。莱卡纤维的弹性非常好，可自由拉长4~7倍。莱卡纤维一般不单独使用，可与任何人造或天然纤维交织使用。它大大改善了织物的手感、悬垂性及折痕能力，提高了各种衣物的舒适感与合体性。莱卡适用范围极广，如泳装、体操服、内衣、外套、西服、裙装、裤装、针织衫等。和大多数的氨纶丝不同，莱卡拥有特殊的化学结构，在湿水后处于湿热密封的空间里也不会长霉。目前，只要是采用了莱卡的服装都会挂有一个三角形吊牌，这个吊牌也成为高质量的象征。

（6）丙纶（Polypropylene），缩写为PP，是以聚丙烯为原料制得的合成纤维。聚丙烯纤维也是中国商品名。丙纶纤维具有强度高、耐磨损、耐腐蚀的特点，可以纯纺或与羊毛、棉或黏纤等混织作为各种衣料。也可以用于各种针织品如织袜、手套、针织衫、针织裤、洗碗布、蚊帐布、纸尿裤等。

（7）金属丝（Lurex），又名卢勒克斯、金银纱、金属丝，是塑料皮铝线的商标名。添加金属丝的面料具有特殊的金属光泽，是近年来较为流行的新面料。

3.2 中小学生制服检验标准

3.2.1 抽样检测方法

（1）货物数量：检查产品数量是否达到查验要求。

（2）唛头：核对唛头是否与客户要求相符。

（3）配比：检查物品配比是否与订单，唛头标注及客人要求一致。

（4）摔箱：检查商品及包装是否适于运输保存。

（5）包装检查：检查货物包装是否符合要求。

（6）产品描述/款式/颜色的检验：检查产品与订单及样板在描述/款式/颜色上的一致性。

（7）尺寸测量：检测产品的尺寸是否与要求相符。

（8）抽样：随机抽取样品送专业实验室测试。

（9）挂牌及标注：检查挂牌及标注是否符合要求。

（10）发霉及活虫：检查产品中可有发霉及活虫。

（11）其他：检查客人提出的其他查验项目。

3.2.2 布料检验

（1）数量：检查产品数量是否达到查验要求。

（2）唛头：核对唛头是否与客户要求相符。

（3）疵点检验：多数情况下使用美国 4 分制。

（4）包装检查：检查货物包装是否符合要求。

（5）产品描述 / 款式 / 颜色的检验：检查产品与订单及样板在描述 / 款式 / 颜色上的一致性，颜色头尾，边中，匹间色差将是检查的重点。

（6）尺寸测量：检测产品的尺寸是否与要求相符，每批测 5 匹。

（7）称克重：测纬斜。

（8）其他：检查客人提出的其他查验项目。

3.2.3　服装质量检验

（1）总体要求。

①面料、辅料品质优良，符合客户要求，大货得到客户的认可。

②款式配色准确无误。

③尺寸在允许的误差范围内。

④做工精良。

⑤产品干净、整洁、卖相好。

（2）外观要求。

①门襟顺直、平服、长短一致。前抽平服、宽窄一致，里襟不能长于门襟。有拉链唇的应平服、均匀不起皱、不豁开、拉链不起浪、纽扣顺直均匀、间距相等。

②线路均匀顺直、止口不反吐、左右宽窄一致。

③开衩顺直、无搅豁。

④口袋方正、平服，袋口不能豁口。

⑤袋盖、贴袋方正平服，前后、高低、大小一致。里袋高低、大小一致，方正平服。

⑥领缺嘴大小一致，驳头平服、两端整齐，领窝圆顺，领面平服，松紧适宜，外口顺直不起翘，底领不外露。

⑦肩部平服，肩缝顺直，两肩宽窄一致，拼缝对称。

⑧袖子长短、袖口大小、宽窄一致，袖襻高低、长短宽窄一致。

⑨背部平服，缝位顺直，后腰带水平对称，松紧适宜。

⑩底边圆顺、平服，橡根、罗纹宽窄一致，罗纹对条纹。

⑪各部位里料大小、长短与面料相适宜，不吊里，不吐里。

⑫衣服外面两侧的织带、花边，两边的花纹对称。

⑬加棉填充物要平服，压线均匀，线路整齐，前后片接缝对齐。

⑭面料有绒（毛）的，要分清方向，绒（毛）的倒向应整件同向。

⑮若从袖里封口的款式，封口长度不能超过 10cm，封口一致，牢固整齐。

⑯ 要求对条对格的面料，条纹要对准确。

（3）工艺要求。

① 车线平整，不起皱，不扭曲。双线部分要求用双针车车缝。底面线均匀、不跳针、不浮线、不断线。

② 画线、作记号不能用彩色画粉，所有唛头不能用钢笔、圆珠笔涂写。

③ 面、里布不能有色差、脏污、抽纱，不可恢复性针眼等现象。

④ 计算机绣花、商标、口袋、袋盖、袖襻、打褶、贴魔术贴等，定位要准确、定位孔不能外露。

⑤ 计算机绣花要求清晰，线头剪清，反面的衬纸修剪干净，印花要求清晰，不透底，不脱胶。

⑥ 所有袋角及袋盖如有要求打结，打结位置要准确、端正。

⑦ 拉链不得起波浪，上下拉动畅通无阻。

⑧ 颜色浅、容易透色的里布，里面的缝份止口要修剪整齐，线头清理干净，必要时加衬纸以防透色。

⑨ 里布为针织布料时，要预放2cm的缩水率。

⑩ 帽绳、腰绳、下摆绳在充分拉开后，两端外露部分应为10cm，若两头车住的帽绳、腰绳、下摆绳则在平放状态下平服即可，不需要外露太多。

⑪ 撞钉等位置准确，不可变形，要钉紧，不可松动。

⑫ 四合扣位置准确，弹性良好，不变形，不能转动。

⑬ 所有布襻、扣襻受力较大的襻子要回针加固。

⑭ 所有的尼龙织带、织绳剪切要用热切或烧口，否则会有散开、拉脱现象。

⑮ 上衣口袋布、腋下、防风袖口、防风脚口要固定。

⑯ 裙裤类：腰头尺寸严格控制在±0.5cm之内。

⑰ 裙裤类：后浪暗线要用粗线合缝，浪底要回针加固。

（4）污迹。

① 笔迹：违反规定使用钢笔、圆珠笔编裁片号、工号、检验号。

② 油渍：缝制时机器漏油：在车间吃油食物。

③ 粉迹：裁剪时没有清除划粉痕迹：缝制时用划粉定位造成。

④ 印迹：裁剪时没有剪除布头印迹。

⑤ 脏迹：生产环境不洁净，缝件堆放在地上。

⑥ 水印：色布缝件沾水褪色斑迹。

⑦ 锈迹：金属纽扣，拉链，搭扣质量差生锈后沾在缝件上。

（5）整烫。

①烫焦变色：烫斗温度太高，使织物烫焦变色（特别是化纤织物）。

②极光：没有使用蒸气熨烫，用电熨斗没有垫水布造成局部发亮。

③死迹：烫面没有摸平，烫出不可回复的折迹。

④漏烫：工作马虎，大面积没有过烫。

（6）线头。

①死线头：后整理修剪不净。

②活线头：修剪后的线头粘在成衣上，没有清除。

（7）其他。

①倒顺毛：裁剪排料差错；缝制小件与大件毛向不一致。

②做反布面：缝纫工不会识别正反面，使布面做反。

③裁片同向：对称的裁片，由于裁剪排料差错，裁成一种方向。

④疵点超差：面料疵点多，排料时没有剔除，造成重要部位有疵点，次要部位的疵点超过允许数量。

⑤扣位不准：扣位板出现高低或扣档不匀等差错。

⑥扣眼歪斜：锁眼工操作马虎，没有摆正衣片，造成扣眼横不平，竖不直。

⑦色差：面料质量差，裁剪时搭包，编号出差错，缝制时对错编号，有质量色差没有换片。

⑧破损：剪修线头，返工拆线和洗水时不慎造成。

⑨脱胶：黏合衬质量不好；黏合时温度不够或压力不够，时间不够。

⑩起泡：黏合衬质量不好；烫板不平或没有垫烫毯。

⑪渗胶：黏合衬质量不好；黏胶有黄色，烫斗温度过高，使面料泛黄。

⑫钉扣不牢：钉扣机出现故障造成。

⑬四合扣松紧不宜：四合扣质量造成。

⑭丢工缺件：缝纫工工作疏忽，忘记安装各种装饰襻，装饰纽扣或者漏缝某一部位，包装工忘了挂吊牌和备用扣等。

3.2.4　服装一般外观质量要求

服装外观应整洁，无脏污、粉印水花、线头等缺陷，各部位熨烫平挺或平服不允许有亮光、烫黄、烫变色等缺陷。各部位线路平服、顺直、牢固、缝纫及锁眼用线与面料相符，不允许有缺线、短线、开线、双轨线及部件丢落等缺陷。面料质量要符合标准要求，规格尺寸准确，对格、对条、对花的部位要符合合同的标准或成交样品的规定等。

服装检验标准将疵点分为A类和B类，具体介绍如下：

（1）A类疵点。

①一般指影响服装使用和商品销售的，消费者不易自行修复的缺陷，主要规格超出极限偏差。

②一件（套）内出现色差，一个部位面料疵点超过标准规定，逆顺毛面料顺向不一致、对条格部位超过标准规定、对称部位超过标准规定、黏合衬脱胶、渗胶、缺扣、掉扣、扣眼没开、锁眼断线、扣与眼不对称。

③缝纫吃势严重不均，缝制严重吃纵、缺件、漏序、开线、断线、毛漏、破洞、熨烫变色、水斑、亮光、污渍。

④绣面花型周围起皱、漏绣露印、链子品质不良、金属锈蚀、整烫严重不良、熨烫不平、洗水后明显不良、一件（套）内不一致、洗水后明显、黄斑、白斑、条痕。

（2）B类疵点。

在某个部位明显较A类疵点轻微的缺陷；洗水后不明显的黄斑、白斑、条痕线路不顺直、不等宽，钉扣不牢，缝纫吃势略有不匀，缝制稍有吃纵。整烫折叠不良，里料与面料松紧程度不适宜。

第4章　工业用样板制作规范要求

4.1　概念

现代服装工业生产中的样板，起着模具、图样和型板的作用，是排料画样裁剪和产品缝制过程中的技术依据，也是检验产品规格质量的直接衡量标准。样板是以结构制图为基础制作出来的，称为打制样板，简称制板。

4.2　工业用样板的特点

服装工业化生产通常都是批量生产，从经济角度考虑，生产厂家希望用较少的规格覆盖较多的消费人群。但是，设置的规格越少就意味着抹杀群体体型的差异性越大，因此，服装工业化生产样板的规格是建立在随机抽样测量人体各部位尺寸并加以归纳总结而得到的系列数据，该数据最大限度地保持了群体体形的共同性和差异性的对立和统一。

说到包容性，首先要重新认识"合体"的概念。实际上，利用工业样板生产的大部分服装其"合体"程度只是介于"基本合体"的状态，所谓基本的意思是说差距较小或大体相当，其实并不严格。实际的情况是几乎所有的非针织类服装与人体之间都存在着一定的间隙，只有这样服装才会穿着舒适，并且方便人们的运动。穿着舒适是因为间隙可以为人体创造一个小的体外环境，非针织类面料伸缩性能有限，只能靠足够的宽松量来满足人体运动造成的体态变形。

从以上意义说，片面地强调"合体"显然是不妥的。如果大多数人试穿了某企业生产的服装都非常"合体"，那只有一种可能，就是该企业的服装有很多个规格。事实上服装企业不可能对任何一种类型的服装制定无数个规格。所有服装企业在制订服装规格上几乎没有太大的差别，都是"用尽可能少的规格，覆盖尽可能多的人体"。这就是服装本身具有的一种不被人注意的属性——包容性。包容性主要是由服装样板的放松量大小决定的。"合体"概念，其实就是包容。服装的舒适性、运动性决定了服装的包容，服装的包容性来自服装规格的包容，服装规格的包容性直接导致了工业用样板的包容性。

4.3 　工业用样板的标准化

标准是指衡量事物的准则。标准化是指为了适应生产技术发展和合理组织生产需要，在产品质量、品种规格、零部件通用等方面规定统一的技术标准。服装产品的质量与工业用样板息息相关，所以工业用样板要严格按照规格标准、工艺要求进行设计和制作。工业用样板要用于服装批量生产，规格公差规定、纱向规定、拼接规定等不同程度地反映在样板上，样板制作时一定要依照标准中的有关技术规定作出标示。

4.3.1 　样板的技术含量

样板制作包括效果图设计、平面纸样设计、样衣缝纫制作和效果修订改正等过程，在这个过程中，样板制作者必须考虑如何利用最佳的技术手段在改善成衣品质、降低成本、提高效率、强化内涵的同时，完美地设计出工业生产用样板。

4.3.2 　样板的权威性

样板制作在技术平台上代表企业技术形象，而技术形象应对的是服装市场开放式的竞争，一套样板的完成是通过反复测试、取样、修正的严格检验过程，更是技术保密的关键环节，把握样板的核心技术，就是确立了服装工业用样板在技术平台上的权威性。

4.4 　工业用样板的专门化

现代服装工业化生产方式的标志是分工专门化，出现了专门的设计师、样板师，裁剪工、缝纫工、熨烫工等。这种生产方式的显著特点是生产批量大，由于专一化加工形式，使裁剪工、缝纫工等在生产中，往往只能遵循专一标准，这就要求在生产步骤、工序设置上首先要全面、系统化适应这种生产形式的要求。

4.4.1 　服装规格

服装规格是通过人体测量，得到不同类型人体的测量数值，通过科学分析，平均取得不同类型的标准尺寸。这个尺寸不是简单的人体复制，而是能美化人体的理想化体态，这个理想体态本身就是通过实际的系统方法测量、总结，并符合成衣的制作要求而完成的。工业用样板的基本任务就是把规格尺寸系统化的转换成平面样板。

4.4.2　服装结构

简单地讲，服装结构是服装各部件的组合关系。工业用样板是这种组合关系的直接体现。如前后衣片，领、袖、下摆、口袋等都有各自独立的样板，把它们组合起来就是一款服装。工业用样板的制作，无论是数据的建立还是中间环节的运转，无论是技术的处理还是标准指令的确立，一切都应提供一种系统的制作方法。

4.4.3　样板在服装生产中的作用

工业用样板中的基准样板是用来校正裁剪样板、工艺样板的标准，是技术部门存档的资料性样板，裁剪样板是车间排料、画样等使用的样板，工艺样板是为了便于缝纫工艺操作和质量标准控制而使用的样板。尽管用途性质不同，生产要求也不同，但是每一个环节上的样板必须保证前后承接和配套的基本原则。样板的最终确认必须由设计师、样板师以及销售人员在整合、集中、共享的基础上，进一步复核或修正后方可投入正式生产。

4.5　工业用样板的分类

4.5.1　净样板

直接从结构图上复制出来的结构图称作净样板。

4.5.2　毛样板

在净样板的轮廓线条上，再加放缝份、折边、放头等缝制工艺所需的松量画出来或剪出来的，称为毛样板。

4.5.3　表布样板

表布样板是裁剪面料时使用的样板。

4.5.4　里布样板

里布样板是裁剪里料时使用的样板。

4.5.5　衬料样板

制作衬料样板以放完缝份的样板为基础，各部位的衬均要缩进0.3cm。

4.5.6　模具样板

在服装制作过程中，进行局部形状的订正以及标注标印的样板为模具样板，如前身及贴边订正收缩量、扣子、扣眼的位置，画驳口线的位置等。

4.5.7　生产用样板

生产用样板缝制工艺过程中所使用的样板。

4.5.8　工业用样板整理

将工业用样板分类整理，加盖样板的款号、名称、号型、类别、制板时间等，在相应的位置打剪口、打孔，并分类穿起，挂于阴凉干燥的样板间保存。

4.6　工业用样板制作方法

按照用途，样板分为裁剪样板和工艺样板，裁剪样板是用作排料画样、裁剪衣片的模具和型板。工艺样板则是在缝制工艺过程中，用作某些部件、部位的型板、模具和量具。

制板是结构设计的后续工作，必须要有扎实的结构设计基础。不精通服装结构设计原理很难把板制好，特别是款式、结构变化多样的时装样板的制板难度就更大了。服装工业用样板制作要按照国家号型标准把我国成年男女分成的四种体型Y、A、B、C。其中的中间标准体样板制作出来，作为基础母板，通过基础母板缝制不同身高人群的全套样板。比如，170/90A和160/84A分别是男女中间标准体，首先制出基础母板，再按不同身高人群绘制A体型全套样板。Y、B、C体型的中间体（170、160）的样板制作方法相同。运用不同体型的中间体样板进行样板缩放，才能将全套样板制好。用计算机制图软件辅助能缩短制板时间、提高工作效益，适应现代服装工业的发展。

服装工业制板的技术水平要求很高，要有科学的理论作为指导，在绘制净样板之前一定要将A体型中间标准体以外其他中间体体型（Y、B、C）的结构图绘制出来。Y、B、C体型的结构图利用中间标准体的结构图绘制会使款式和结构不走样。工业用样板都建立在结构图之上，绘制准确的结构图，才能为下一步工作打好基础。

4.7　制作工业用样板的工具及材料

4.7.1　制作样板的工具

制作服装样板首先要有一张平整的工作台，能够平铺摆放纸张，还要有一块 20～40cm 的有机玻璃三角板、一把 100cm 长的有机玻璃直尺以及弯尺、曲线板、一把 20～30cm 的直尺等。

4.7.2　制作服装样板的材料

对制作样板的材料要求是伸缩性小、坚韧、表面光洁。

（1）普通白纸：只是作为样板的过渡性用纸，不能作为正式样板材料。

（2）牛皮纸：宜选用 100～130g/m² 的规格。牛皮纸较薄，性能好，成本低、裁剪容易，但硬度不足。适宜制作小批量服装生产的样板用纸。

（3）裱卡纸：宜选用 250g/m² 的规格。裱卡纸纸面细洁，厚度适中，韧性较好。适宜制作中等批量服装生产的样板用纸。

（4）黄板纸：宜选用 400～500g/m² 的规格。黄板纸较为厚实、硬挺、不易磨损。适宜制作定型样板或大批量服装生产的样板用纸。

（5）砂布：选用细号铁砂布与塑料片附在一起用于制作工艺缉线样板，利用铁砂布的摩擦力可以防止样板移位。

（6）白铁片或铜片：选用薄的白铁片或铜片，主要用于制作工艺熨样板和可以长期使用的工艺样板。

4.8　样板制作的技术依据

4.8.1　款式结构图

款式结构图不同于服装效果图，是按照实际比例绘制的款型平面结构图。绘制时以正面视图为主，背面视图略小，对于某些特殊设计或较为复杂的部位，还应画出局部放大图，并作必要的文字说明。款式结构图是样板制作的依据。

4.8.2　服装成衣规格

服装企业成衣生产规格的构成通常依据三个方面来源。

（1）实际测量人体体型取得数据。

（2）由客户或定向销售单位提供数据。

（3）按照国家服装标准的要求，设计和编制出号型规格表。

4.9　裁剪样板的制作

裁剪样板是作为排料画样、裁剪衣片的模具和板型，在样板制作时要做好以下工作。

4.9.1　样板的放缝

放缝是在净样板的基础上加放一定的缝合量，使之成为毛板。加放的缝合量一般统称为缝份。在工业用样板制作过程中，由于服装款式各异，面料组织结构的差异及厚薄不同，服装制作工艺及机器类型的限制，服装的品质及组织结构等方面的不同，都会影响实际生产，因而对服装样板的放量也有不同的要求。

（1）服装面料厚薄对放缝的不同要求。

样板放缝的主要标准是根据所使用面料的厚薄而定。按照面料厚薄的区别可划分为薄、中、厚三种放缝量。厚织物如厚呢子、粗呢、海军呢等放缝量一般是1.3~1.5cm；中厚织物如花呢、薄呢、精纺毛织物、中长纤维织物等放缝量一般是1cm；薄织物如针织物、棉、麻、丝、薄化纤织物等放缝量一般是0.8~1cm。

（2）样板结构形式对放缝的不同要求。

样板各部位的结构形式不同对放缝量的要求也不同，接缝长度较大的地方放缝量要按实际情况定，如袖窿、领口等处。如果放缝量太大，缝制时容易产生褶皱。工业用样板的放缝设计要尽可能做到整齐划一，这样不仅有利于提高生产效率，同时也能提高产品的质量，如衬衫领子和领口曲线的放量通常为1cm，缝制后统一修剪为0.5cm，既可以使领口弧线部位平服，又可以避免因面料脱散而影响缝份不足。增加牢固性的地方放缝要宽些，如西裤后中线的放缝量可以是2.5cm，上身衣片的前后侧缝可以是1.5cm。

（3）不同的缝合方式对放缝的不同要求。

所谓缝合方式就是缝型。缝型的种类繁多，可根据服装的不同款式、不同的部位和工艺要求进行选用，不同的缝型对放缝的要求也不同，平缝是一种最常用、最简便的缝合方式，放缝量一般为0.8~1.2cm。对于一些较易散边、较疏松的面料，在缝制后将缝份叠在一起锁边常用的放缝量为1cm，衣片在缝制后将缝份分缝熨烫常用1.2cm，对于服装的折边衣下摆、袖口、裤口等采取的缝型一般有两种情况：一是锁边后折边缝，放缝量即为所需折边的宽度。以平摆款式服装为例：夏装上衣折边放缝量一般为2~2.5cm，冬装上衣折边放缝量为2.5~3.5cm，裤子、西装裙的折边放缝量一般为3~4cm。二是直接折边缝，直接折边缝往往需要两次折边，如较大的圆摆衬衣、喇叭裙、圆台裙等边缘，放缝量一般为1~1.5cm，缝制完成后的折边一般为 0.5～1cm 另外，学生装样板设计要考虑到儿童的生长因素，常常需要多留出一些折边量以便改制放长。

4.9.2　样板上必要的文字标注

（1）产品名称、货号或款号。对整套工业用样板要标注统一的产品名称、货号或款号，既有利于样板的管理，又防止多套样板之间的串板。

（2）样板的号型规格。为了便于管理，同时也为了裁剪和缝制时有数量和技术的依据，需要标注样板所属的号型规格，如 160/80A、165/84A 或 S、M、L 等。对于各号型通用的样板，如袋布、嵌线、门襟等，则应将通用的号型规格标注在同一样板上。

（3）样板的结构名称。整套样板中不同结构部位的样板要标注不同的名称，如前片、后片、贴边、大袖片、小袖片等。

（4）样板的种类和使用部位。标明样板是面料样板还是里料样板以及使用的部位。通常标注在样板的结构部位名称后，如前片（面）、前片（里）、前片（衬）等。

（5）样板的布丝方向。样板中要标注布丝方向，无论是直丝（经向）还是横丝（纬向）以及斜丝（45°），都是裁剪时摆放样板的重要依据。通常用双箭头符号标注在样板的中心位置，如果样板使用顺毛向的面料时，则用单箭头符号标注。

（6）样板的裁片数量。通常与样板的结构部位名称和样板使用的材料组合起来一起标注，如前片面×2、前片里×2、大袖片面×2等，表明前片面料、前片里料和大袖片面料各裁剪两片。

（7）其他标注。左右不对称的衣片和部件，应标明左右片，前后或上下容易混淆的样板，如袋盖、贴袋等，应标明前后或上下，需要利用面料布边裁剪的样板，应标明用光边的位置。

4.10　工业用样板的订正与确认

4.10.1　样板的订正

样板的订正其实就是对样板修订改正的过程，样板的订正不仅是针对样板的常规检验中不合格的样板进行订正，还要通过样衣试制对样板进行订正，以保证缝合时拼合部位的完整性。样板的订正如图4-1、图4-2所示。

样板订正通常要涉及以下问题：

（1）工业用样板必须是规范、严谨、准确。所有的要求、标准均来自款式特征、号型规格、工艺结构。

（2）单件样衣认可后，需要通过小批量生产试样，进一步订正样板。

（3）样板的制作设计要符合批量生产以及流水作业的加工工艺。

（4）样板订正是从合理到更加合理，从理想到更加理想，在外观造型不变的基础上订正内部的结构，使之达到进一步美化人体、提高效率、提高品质等作用。在不影响外观造型效果的前提下，为了方便排料，节省面料，可以考虑改变工艺分割线位置和数量。但订正时需要与设计师、排板裁剪人员互相沟通，个人一般不可擅自做出决定。

（5）样板订正所增减的尺寸应均匀分配在相应配套的样板上，以保证造型的稳定和尺寸得均衡。

（6）无论怎样修改，订正后的样板应达到样板常规检查的各项要求。

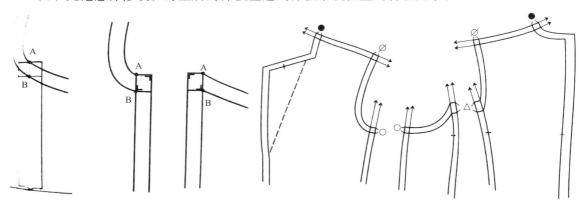

图 4-1　身片样板订正方法

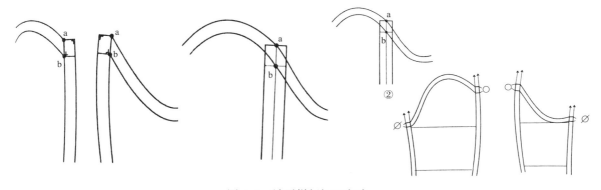

图 4-2　袖子样板订正方法

4.10.2　样板的确认

样板制作完毕并不是样板的最终确认。样板作为服装产品的中介条件，必须通过制成样衣，来验证样板是否达到了设计意图和客户要求，这个时候的样板被称作"头板"。当样衣没有原则通过，对"头板"进行修改、调整甚至重新设计制作，这个时候的样板被称作"复板"。通过"复板"制成样衣，最后经过确认才能成为正式生产样板。总之，工业用样板的完成，必须通过实物验证才能确立，否则样板设计只能是纸上谈兵。

4.11　工业用样板的检验

一套完整的服装工业用样板，需要通过各种指标的检验和样衣确定才能最终投入成衣生产，因此必须对样板进行严格的检验。

4.11.1　样板检验的项目

（1）服装款式。

（2）号型规格。

（3）各片样板的尺寸。

（4）样板结构的边线直线是否顺直，弧线是否圆顺。

（5）样板缝合边线的长度是否一致。

（6）样板组合之后的整体效果是否符合设计要求。

（7）放缝量是否符合工艺要求。

（8）样板的规格尺寸与使用材料的缩水率是否相符。

（9）打剪口及钻眼定位部位是否准确。

（10）文字标注是否清楚、准确，有无遗漏。

（11）丝缕方向（经向符号）是否准确。

（12）零部件是否齐全。

4.11.2　样板检验的方法

（1）目测。目测的方法简便、快捷，但因个人的知识水平、实践能力各不相同，使用目测检验样板可根据自己的经验灵活运用掌握。

（2）尺寸测量。在样板检验中，尺寸测量是最可靠最准确的方法，使用这种方法的核心一是测量工具，二是规格尺寸及允许误差。

（3）测量工具。检验样板使用的工具必须与打制样板使用的工具相一致，否则会造成尺寸上的偏差。另外，测量工具还要保证形状完整、刻度清晰，做到专门保管、专门使用。

（4）规格尺寸。符合规格、尺寸准确是样板检验的重要内容。但工业用样板由于技术条件、纸张材料工具设备等因素，不可避免地存在着尺寸上的误差，这就要求在测量时务必把样板的各项规格控制在规定的允许误差之内。

（5）样板之间互相对比。用互相对比的方法检验样板同样简便、可行，但仅限于同类、配套、相互衔接的样板之间使用，并不适用于所有样板。

4.11.3 样板检验的内容

（1）规格尺寸的检验。制作完成的样板必须经过检验，检验样板尺寸是否符合实际规格或客供尺寸。检验的项目主要有长度、围度和宽度。长度包括衣长、袖长、腰节长、裤长和裙长等；围度包括胸围、腰围和臀围；宽度包括肩宽、胸宽、背宽和袖口、脚口等。检验时利用直尺或软尺测量样板的各项尺寸与实际规格或客供尺寸是否相符，以及是否符合允许误差。

（2）缝合线的检验。样板中的缝合线通常有两种形式。第一种是等长缝合线，检验时要求两条对应的缝合边线应相等。第二种是不等长缝合线，为了达到缝合后的塑型效果，有时需要在一条缝合边线的特定位置作伸（拔）的处理，另一条缝合边作缩（归）的处理。因此，作拔的样板边线要短些，作归的样板边线要长些，归拔的幅度越大，两个缝边的差量越大，但是这种差量是有限的，如前后肩线、前后袖内缝线、袖山和袖窿弧线等。需要打褶的缝合线差量较大，但要看样板的尺寸是否符合成品要求。

（3）放缝的检验。主要检验样板中的放缝量是否符合工艺要求放缝量，既要依据面料厚薄的情况，还要考虑缝合后的表面效果，更要根据样板的结构形式，如西装的驳口处一般设定为1cm的缝份。

（4）定位标记的检验。样板中的定位标记是为了确保产品质量所采取的有效手段。打剪口通常定位在缝合线的凹凸点、接缝处及特定的省道、褶裥范围处，钻眼通常标记在样板的中间，无论哪一种方式，都是起到指示的作用。

（5）丝缕方向的检验。丝缕方向的检验也称对丝。丝缕在服装造型中十分重要，甚至整个结构设计的成功与丝缕都有着密切的联系。由于机织面料经向、纬向的丝缕强度和弹性不相同，因此在样板中改变丝缕方向所产生的造型效果不同，也就是说丝缕性能和理想的造型是有一定条件的。一般在强调庄重和要求强度大的时候要用经向丝缕，如衣身、裤子、育克、腰带等。当服装的造型强调随意自然带有动感效果时要用纬向丝缕，如斜裙、大翻领、大领结等。

（6）样板总量的检验。工业用样板的分类设计越细致，生产效率越高，因此，一件服装产品的样板必须总量大而且作用分明，这种管理取决于对每套样板总量的检验复核。它包括面料样板、里料样板、衬料样板、配料样板和特殊材料样板（如垫肩、丝棉样板）等，数量要完备、齐全，并分类编号管理。

4.12　工业用样板的技术管理

工业用服装样板相对于其他的服装样板要求严格得多，因为使用样板的人一定要按照样板所标注的各类符号原原本本地将样板复制在面料上，不能随意。工业用样板要求准确，功能性分明，实际裁片和样板必须相一致。

在管理上，应根据各类样板作用的不同，用不同的编号、字母加以区别，甚至可以用颜色各异的纸板进行归类管理。如两个款式分别用字母 A、B 表示，根据 A、B 两款的号型规格和面料样板的裁剪数量，可以编号为：SHE-08-A 女式连衣裙 160/82A 后片（面）×2，SHE-08-B 女式连衣裙 160/82A 后片（面）×4。

样板中的数字编号是很重要的环节，一旦在排板或使用中发现丢失，可以从任何单片样板中查找出缺少的样板以便及时补缺。但是无论何种情况下，样板的短缺、损坏都会给生产带来损失，为此应建立严格的样板管理制度，以确保生产的顺利进行。

4.12.1　样板的登记

（1）产品名称、产品货号或款号、号型规格、销往区域或单位、合同号等。

（2）号型规格、面料、里料、衬料、配料样板及各类辅助工艺样板的数量。

（3）样板制作人、检验复核人及验收日期。

（4）样板入库保管日期和使用有效期限。

4.12.2　样板的存放保管要求

（1）样板的存放保管应安排专人负责。

（2）应选择干燥，整洁、通风良好的环境。

（3）样板应采用合理的方法存放，切忌污损、折叠。

（4）存放保管期间，应定期检查样板的数量和形状是否完整。

（5）对于经常使用的样板，应该保存一套样板的备份，以便样板破损时及时更换。

（6）长时间放置的样板再次使用时，应重新检验样板的各项内容，杜绝使用已经变形的样板。

4.12.3　样板的领用制度

（1）样板领用必须填写样板领用单据，经技术部门负责人审批同意。

（2）样板领用人在领取和归还时，需清点样板数量和检查样板的完好情况。

（3）样板管理人员应在样板管理使用登记表上认真填写好各项记录。

第5章　中小学生制服工艺技术标准

5.1　中小学生制服衬衫缝制工艺说明

中小学生制服衬衫缝制工艺说明见表5-1。

表5-1　中小学生制服衬衫缝制工艺说明

部位名称	图示	工艺要求
款式图		男衬衫缝制
门襟及零部件	左前片（反面） 袖头面（反面） 宝剑头（反面） 领面（反面） 领座（反面）	男衬衫粘黏合衬部位

部位名称	图示	工艺要求
各部位裁片	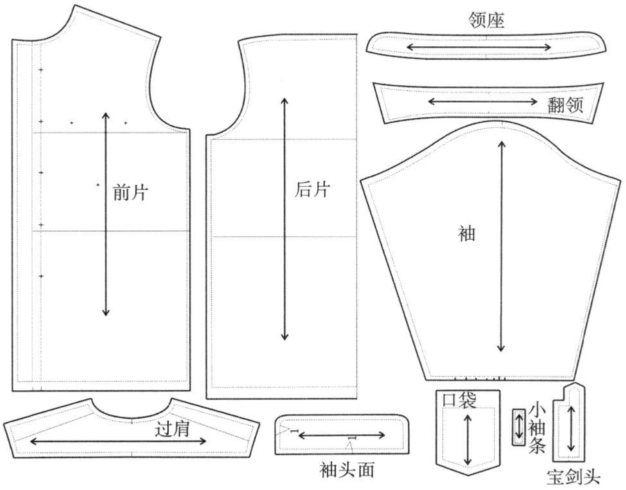 领座 翻领 前片　后片　袖 口袋　小袖条 过肩　袖头面　宝剑头	作对位标记
左前片	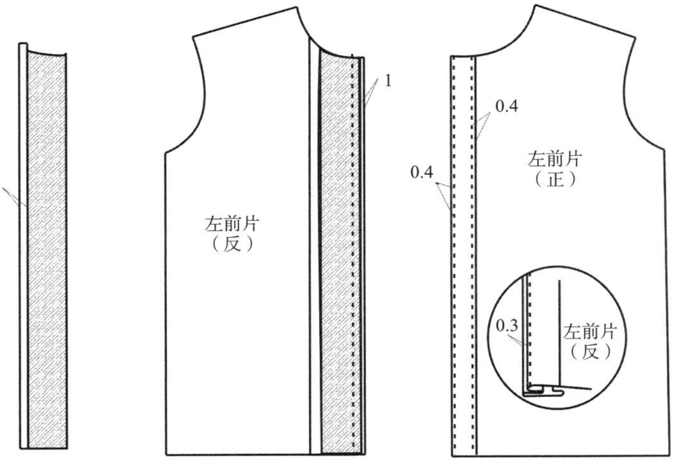 左前片（反）　左前片（正）　1　0.4　0.4　0.3　左前片（反）	左片门襟压明线
右前片	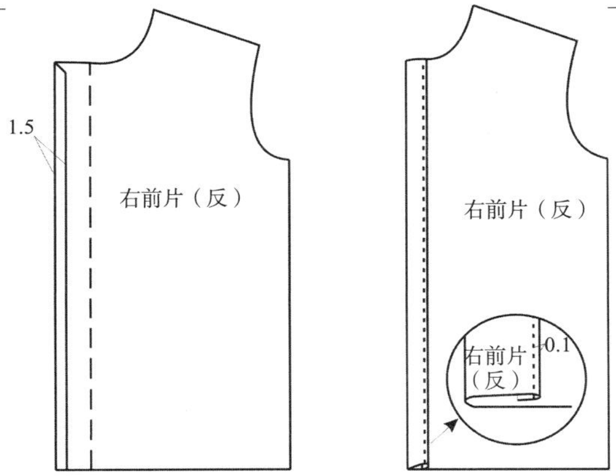 右前片（反）　1.5　右前片（反）　-0.1　右前片（反）	右片门襟压明线

部位名称	图示	工艺要求
左前片		折烫袋口布、确定袋位、压明线
后片过肩		勾缝后片过肩、压明线、扣烫肩线
前后片		缝合肩缝、压肩缝明线

部位名称	图示	工艺要求
翻领		做翻领，领角添加塑料片固定，清剪缝份，翻烫平展
座领		座领与翻领夹缝，清剪缝份，翻烫，绱翻领，压缝领座口明线
袖开衩		袖口开衩，绱做宝剑头，压明线

部位名称	图示	工艺要求
前片	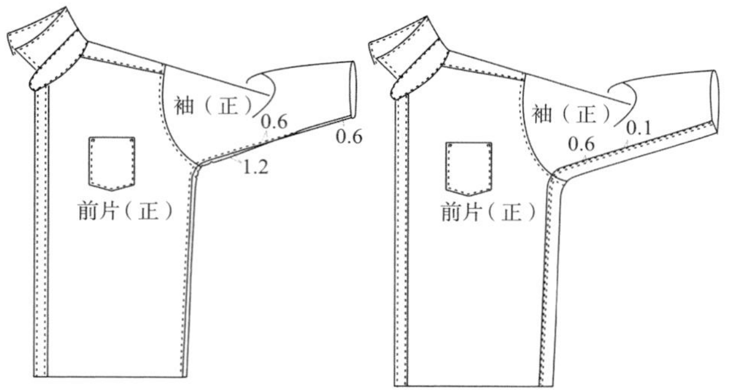 袖（正） 0.6 0.6 1.2 前片（正） 袖（正） 0.6 0.1 0.6 前片（正）	包缝袖底缝，用明线压袖底缝
袖子	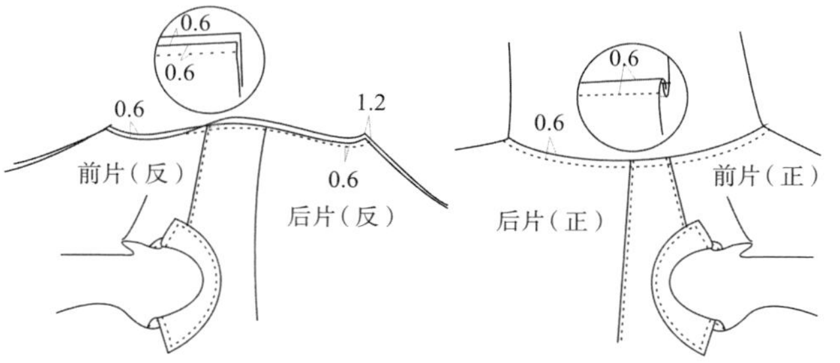 0.6 0.6 0.6 1.2 前片（反） 0.6 后片（反） 0.6 0.6 后片（正） 前片（正）	包缝袖山弧线，用明线
袖头	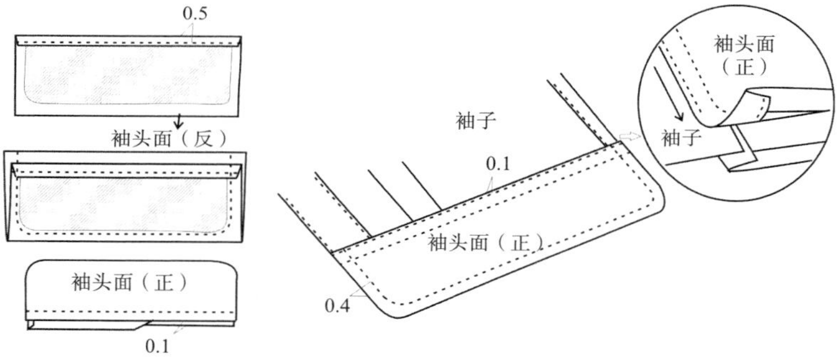 0.5 袖头面（反） 袖头面（正） 袖子 0.1 袖头面（正） 0.4 0.1 袖头面（正） 袖子	做袖头，绱袖头，压缝袖头明线
衣身	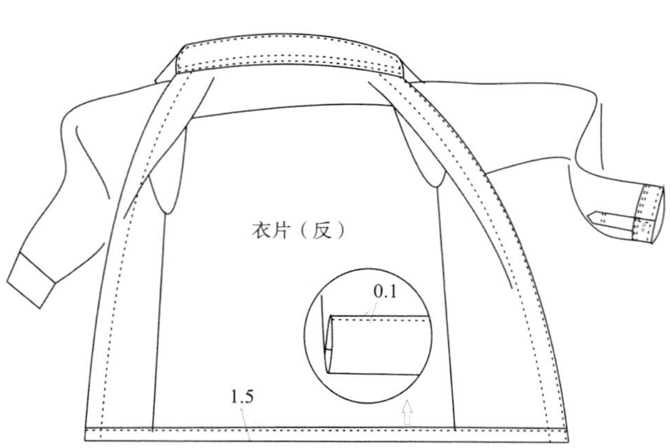 衣片（反） 0.1 1.5	扣折下摆，压明线

部位名称	图示	工艺要求
袖头、门襟	左前片（正）	袖口、门襟锁眼、钉扣
衬衫成品		清剪线头、整烫定型

5.2　中小学生制服裤子缝制工艺说明

中小学生制服裤子缝制工艺说明见表5-2。

表5-2　中小学生制服裤子缝制工艺说明

部位名称	图示	工艺要求
款式图		男裤缝制

部位名称	图示	工艺要求
裤片	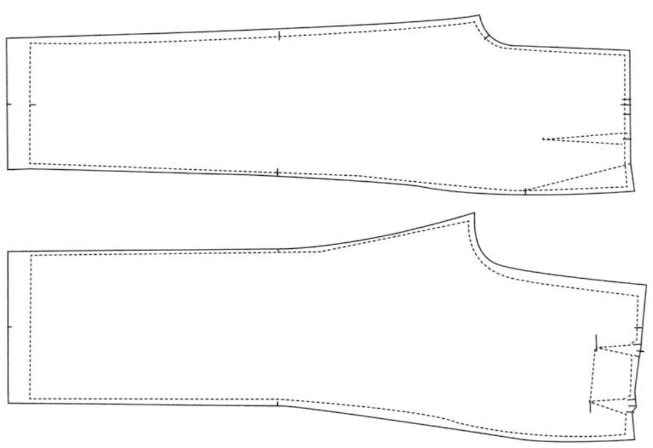	划合对位标记
裁片	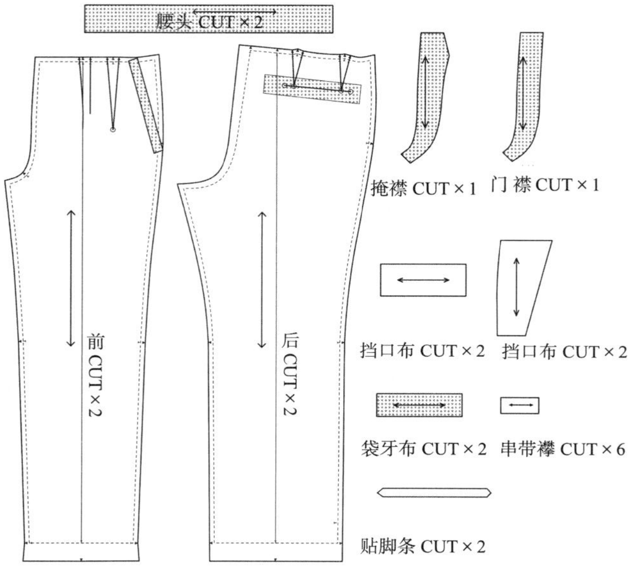 　腰头 CUT×2　掩襟 CUT×1　门襟 CUT×1　挡口布 CUT×2　挡口布 CUT×2　袋牙布 CUT×2　串带襻 CUT×6　贴脚条 CUT×2　前 CUT×2　后 CUT×2	按图示部位粘衬
后片1	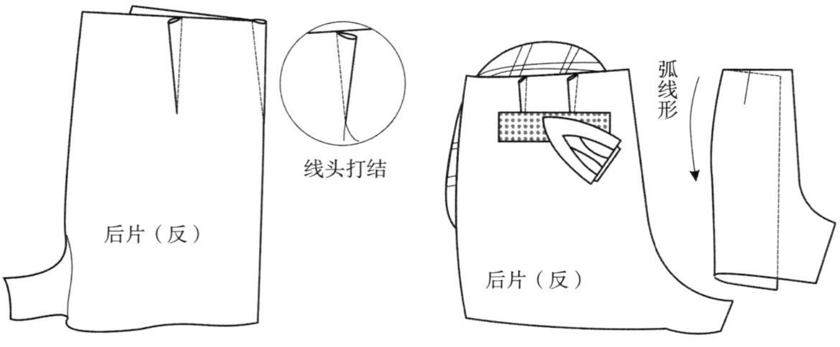 　后片（反）　线头打结　后片（反）　弧线形	后片收省缝，省缝倒向后中线，袋口处粘衬

续表

部位名称	图示	工艺要求
后片 2	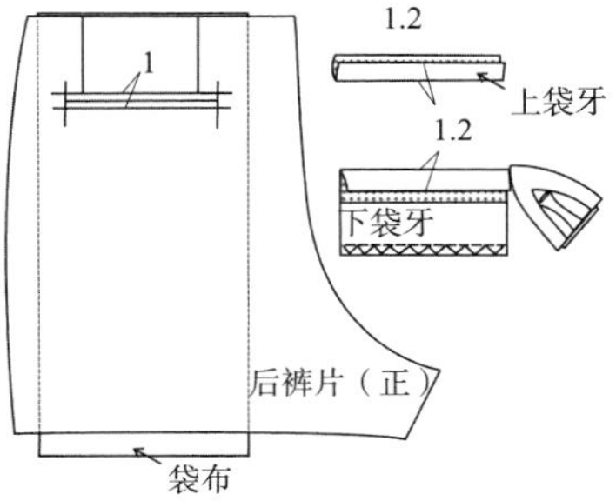	袋口正面划袋位，扣烫袋牙
后片 3	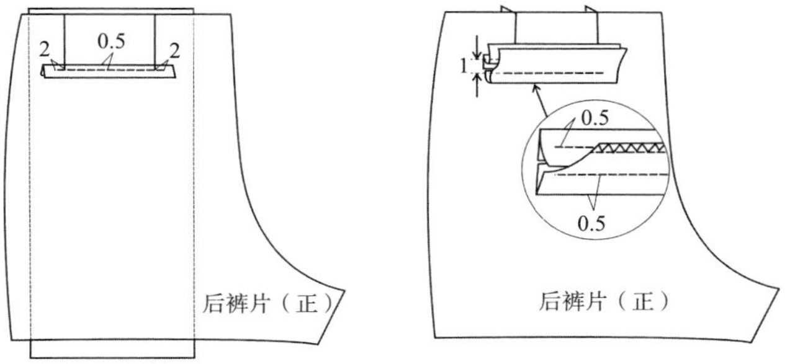	袋牙双折毛边相对压缝 0.5cm 明线
后片 4	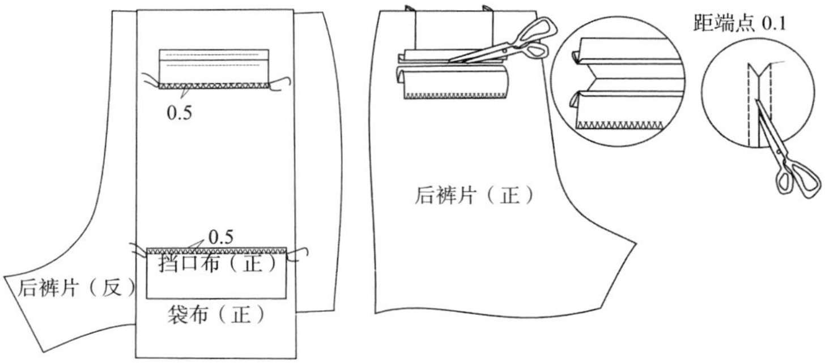	绱袋布和挡口布，袋牙开剪口，距端点 0.1cm，呈三角形剪口
后片 5	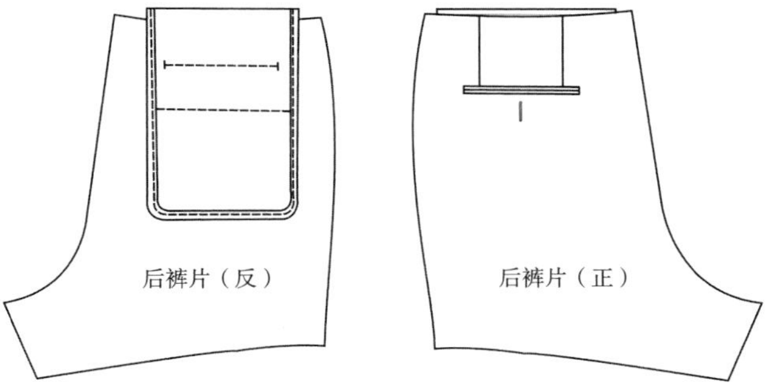	袋布边缘包边，袋口中心锁扣眼

续表

部位名称	图示	工艺要求
前片	前裤片（反） 5 熨烫烫迹线 前裤片（正）	前片收褶，折烫裤中线
前片袋口1	0.7cm 0.5cm 垫袋布 0.5cm 1.5cm止 前片（反） 袋布（反） 前片（反） 袋布（正）	斜插袋黏牵条，做袋布
前片袋口2	平缝 挡口布 打开 袋布 袋布（反） 垫袋布 2cm 0.3cm 1 后片（正） 前片（反） 前片（正） 前片（反）	袋口压缝明线，固定省缝，缝合侧缝线
前后片	扣进0.5cm，缝合0.1cm 两端打结子 0.7cm	袋布压明线，袋口打结

部位名称	图示	工艺要求
门襟1		缝制里襟、门襟
里襟		里襟上拉链
门襟2		门襟打结，压明线
腰串带襻		做腰头，做串带襻，绱串带襻

部位名称	图示	工艺要求
腰头	缝合腰面与裤片 腰衬 腰面（反） 腰里（反） 贴边（正） 左前片（正） 左后片（正）	腰头与腰口比对尺寸，无误后绱腰头
腰头明线	4.5 1.4 0.3 ① ② ③	绱串带襻，压明线
裤脚口		折烫裤脚口，缝三角针
裤子成品		清剪线头，整烫裤线，整理定型

5.3　中小学生制服女西服缝制工艺说明

中小学生制服女西服缝制工艺说明见表5-3。

表5-3　中小学生制服女西服缝制工艺说明

部位名称	图示	工艺要求
款式图		女西服缝制
裁片	后片　后侧　前侧　前片　贴边　大袖　小袖　领里　领面	女西服衬料裁剪部位
前片	左前中（正面）　前片与前侧片缝合　左前侧（反面）　劈开熨烫　左前侧（反面）　左前中（反面）　粘扦条衬　左前侧（反面）　左前中（反面）	缝合前片刀背线并劈烫平展

部位名称	图示	工艺要求
后片1	缝合后中缝 后（反面） 沿净样线缝合 后（正面） 后侧（反面）	缝合后中缝及后片刀背线
后片2	后（反面） 劈烫缝份 劈烫后中缝 后侧（反面） 缝合肩缝 左后（正面） 右前（反面） 缝合侧缝	前后片按部位粘牵条衬
前后片	前（反面） 后（反面） 劈烫侧缝 劈烫肩缝 后（反面） 前（反面）	缝合侧缝、肩缝，劈烫平展
领子	画净样线 拼接领里后中心线 领里 拼接领里 领里 净样线 劈开熨烫领里后中心线 劈开熨烫 领里 后身片（反面） 绱领线 领里 剪口距净印线0.2 前领点 绱领里 前身片（反面）	缝合领子、绱领里

部位名称	图示	工艺要求
里前片 1	熨烫缝份　0.1 明线　左贴边（反面）　倒烫省缝　左前身里（反面）　左贴边（正面）　左前身里（正面）	缝合里前片和贴边
里前片 2	领里　劈开熨烫　左前身里（反面）　贴边与里子缝合　贴边　收省　左前身里（正面）　左前身里（反面）　前身片（正面）　前身片（反面）　1	里前片收省缝
里后片	后身里（反面）　0.2　1　WL　缝线　0.2　后（正面）　净样线　离开净样线 0.2 缝合　0.2　后侧（反面）　6　1　左后里（反面）　右后里（反面）　0.2	缝合里后中缝、里后片刀背线
里前后片	缝合里子肩缝　0.2　倒烫肩缝　左后（正面）　左前身里（反面）　后里（反面）　倒烫肩缝　6　左后里（反面）　右后里（反面）　1　左贴边（反面）　缝合里子侧缝　0.2　倒烫侧缝　后里（反面）　倒烫侧缝　0.2　0.2	倒烫里子缝份，留出 0.2cm 余量

部位名称	图示	工艺要求
领子1	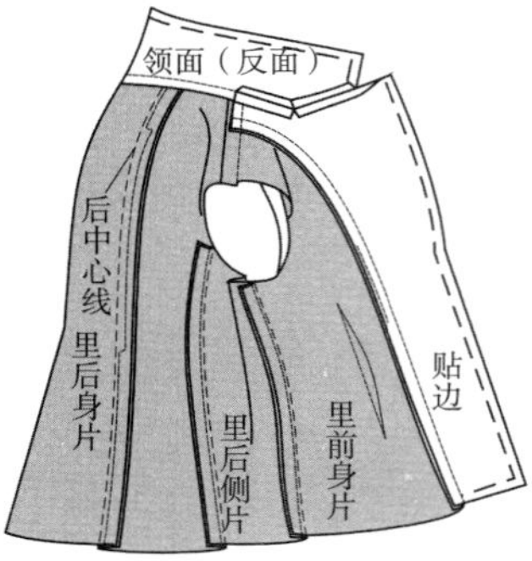 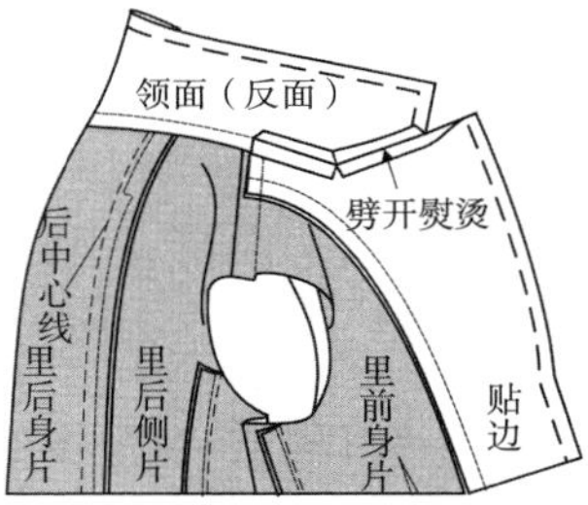 领面（反面） 后中心线 里后身片 里后侧片 里前身片 贴边 / 领面（反面） 劈开熨烫 后中心线 里后身片 里后侧片 里前身片 贴边	劈烫领面串口线
领子2	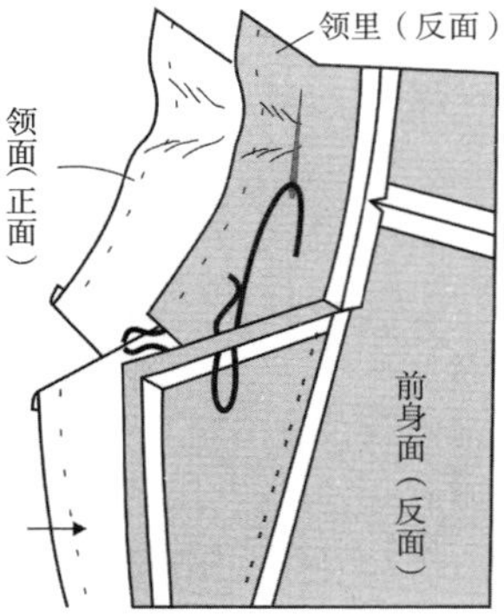 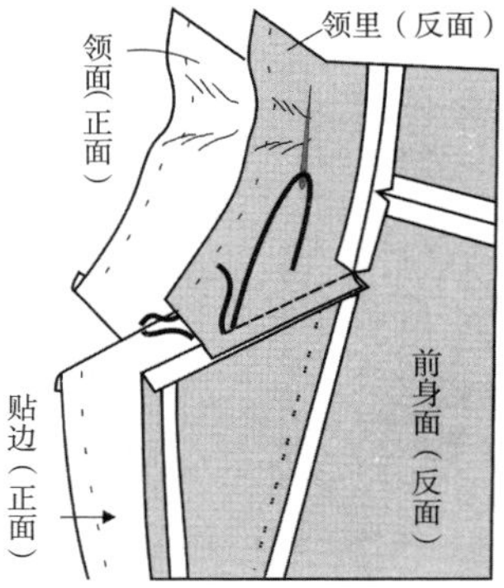 领里（反面） 领面（正面） 前身面（反面） 贴边（正面） / 领里（反面） 领面（正面） 前身面（反面） 贴边（正面）	领子缝份手针固定
领子3	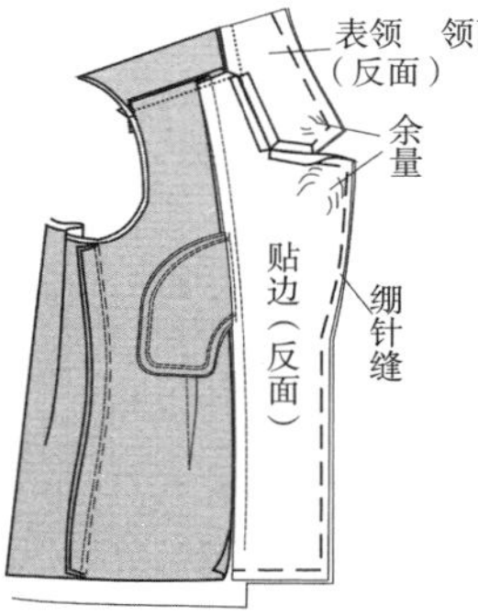 表领（反面） 领面（反面） 余量 贴边（反面） 绷针缝 确认翻驳线处的余量 绷针缝 贴边与前身止口固定 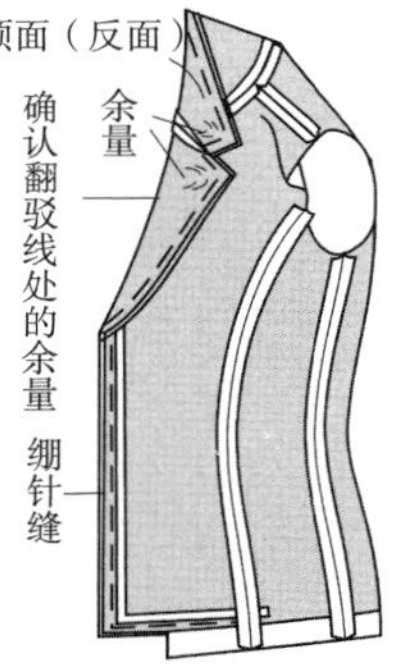 确认翻驳线处的余量	缝合领子、确定翻折量
领子4	 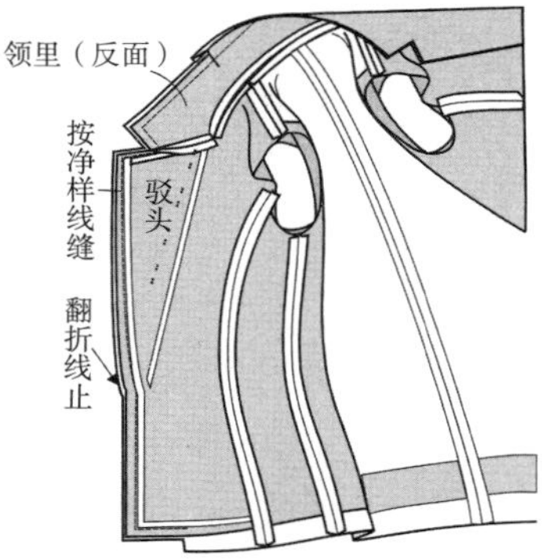 领里（反面） 勾缝领里 领面线 四点固定 前身面（反面） 按净样线缝 驳头 翻折线止	勾缝领子、勾缝止口

部位名称	图示	工艺要求
止口	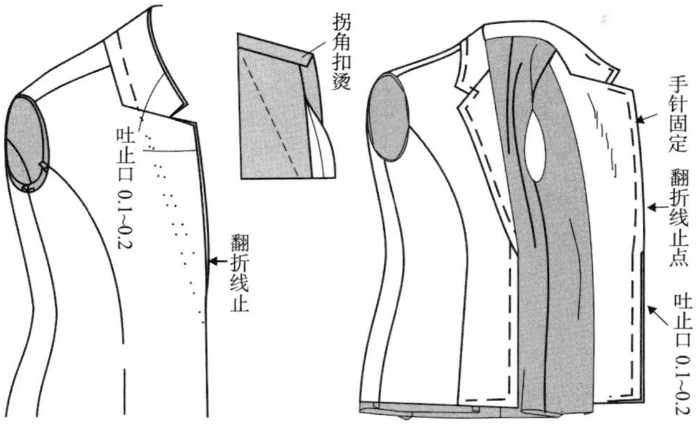 拐角扣烫　吐止口 0.1~0.2　翻折线止　手针固定　翻折线止点　吐止口 0.1~0.2	清剪缝份，烫平止口线
领子 5	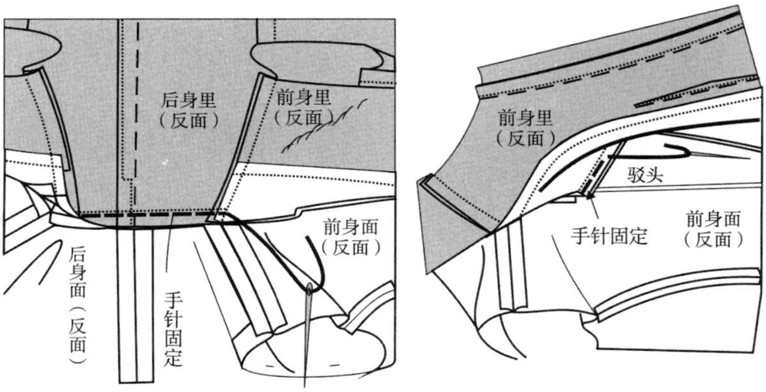 后身里（反面）　前身里（反面）　前身面（反面）　后身面（反面）　手针固定　前身里（反面）　驳头　手针固定　前身面（反面）	手针固定领子缝份
下摆	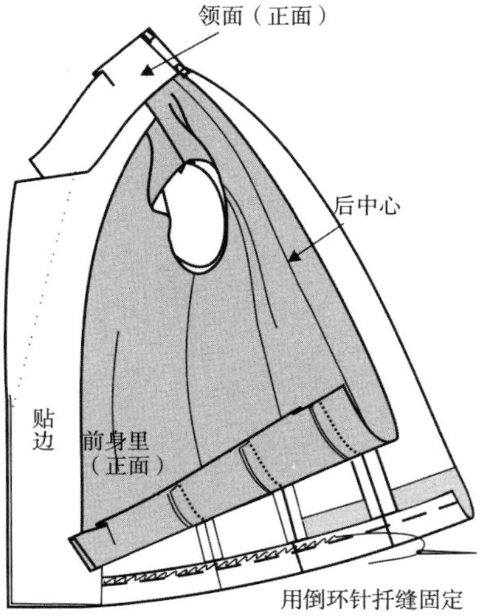 领面（正面）　后中心　贴边　前身里（正面）　用倒环针扦缝固定	手针固定下摆折边

部位名称	图示	工艺要求
袖子1		折烫袖开衩，缝合袖底缝、袖外缝
袖子2		袖面缝份劈烫、袖里缝份倒烫
袖子3		袖口里面缝合
袖子4		手针固定缝份

部位名称	图示	工艺要求
袖子 5		折烫袖口，袖子里、面手针固定
袖隆		绱袖子，固定袖山垫条
肩部		绱垫肩，圈缝袖隆
衣身		手针固定袖隆一圈

部位名称	图示	工艺要求
袖里		手针缲缝袖里
下摆		翻折线处拱针固定，下摆缲缝
女西服成品		锁锁眼、钉扣，整烫完成

5.4　中小学生制服男西服缝制工艺说明

中小学生制服男西服缝制工艺说明见表5-4。

表5-4　中小学生制服男西服缝制工艺说明

部位名称	图示	工艺要求
款式图		男西服缝制
裁片	大袋牙衬　底领衬　翻领衬　袋盖衬　胸袋衬　领口衬　袋口衬　前片衬　袖窿衬　胸袋挡口布　贴边衬　黑炭衬　胸衬　袖口衬　袖口衬	男西服衬料裁剪
身片	贴边　前片　腋下片　后片　净样线　线钉	作标记、划净印、打线钉

部位名称	图示	工艺要求
前片		收省缝、缝合前腋下片
前腋下片		劈烫止口牵条省缝
袋盖		做袋盖
口袋1		做袋牙

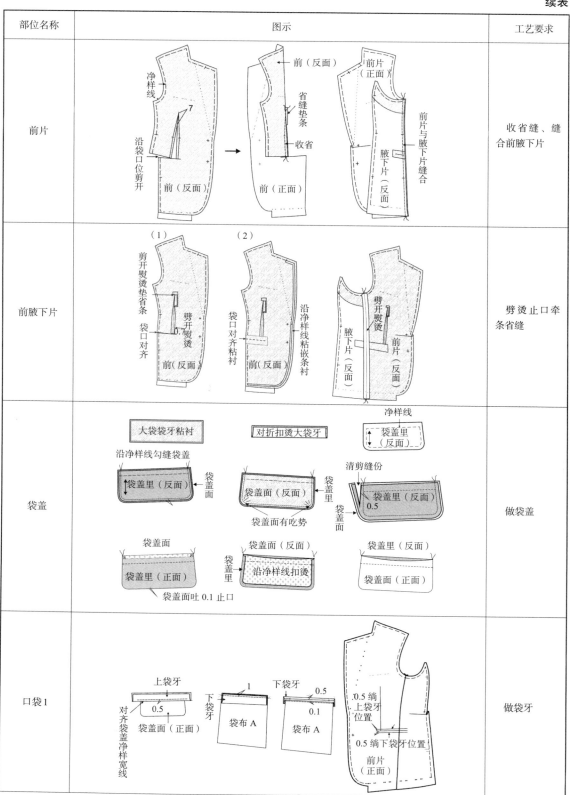

部位名称	图示	工艺要求
口袋2	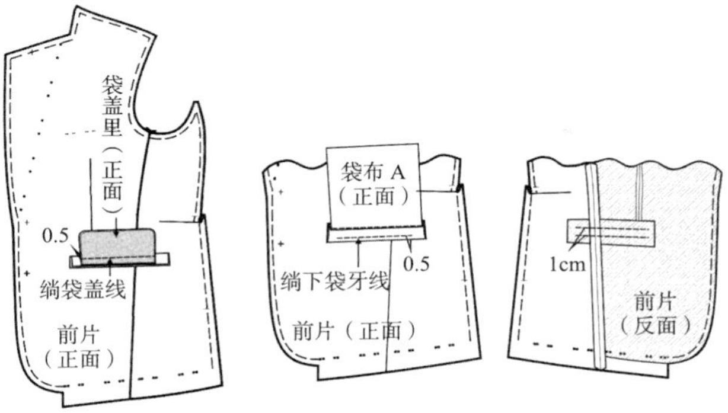 袋盖里（正面） 0.5 绱袋盖线 前片（正面） 袋布A（正面） 绱下袋牙线 0.5 前片（正面） 1cm 前片（反面）	绱袋盖
口袋3	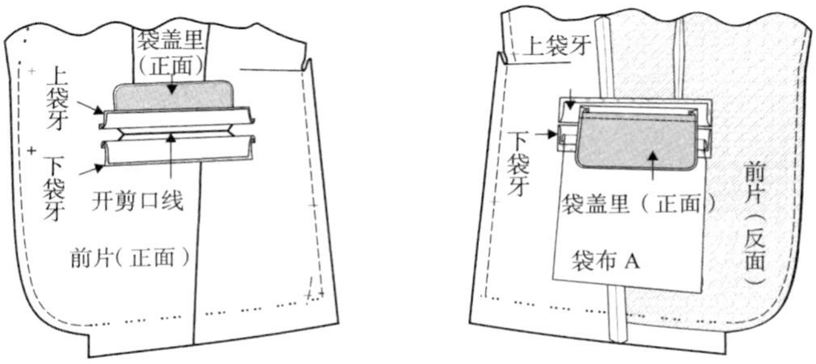 袋盖里（正面） 上袋牙 下袋牙 开剪口线 前片（正面） 上袋牙 下袋牙 袋盖里（正面） 前片（反面） 袋布A	袋口开剪
口袋4	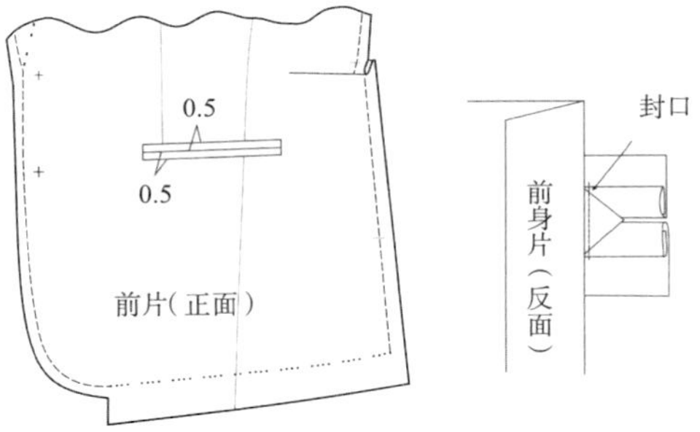 0.5 0.5 前片（正面） 封口 前身片（反面）	整烫袋牙、两端内侧打结固定
口袋5	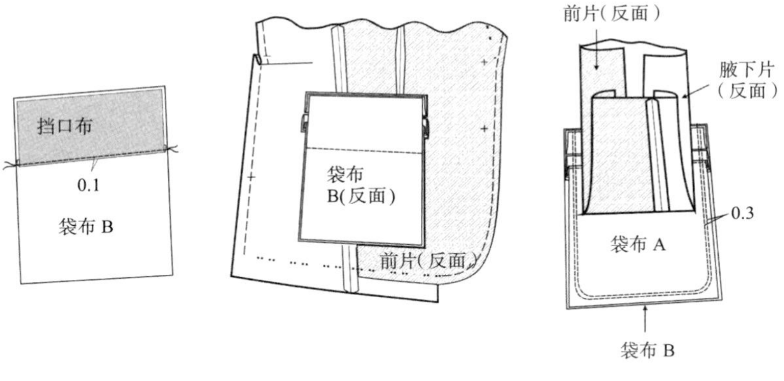 挡口布 0.1 袋布B 袋布B（反面） 前片（反面） 前片（反面） 腋下片（反面） 0.3 袋布A 袋布B	绱挡口布

部位名称	图示	工艺要求
口袋6	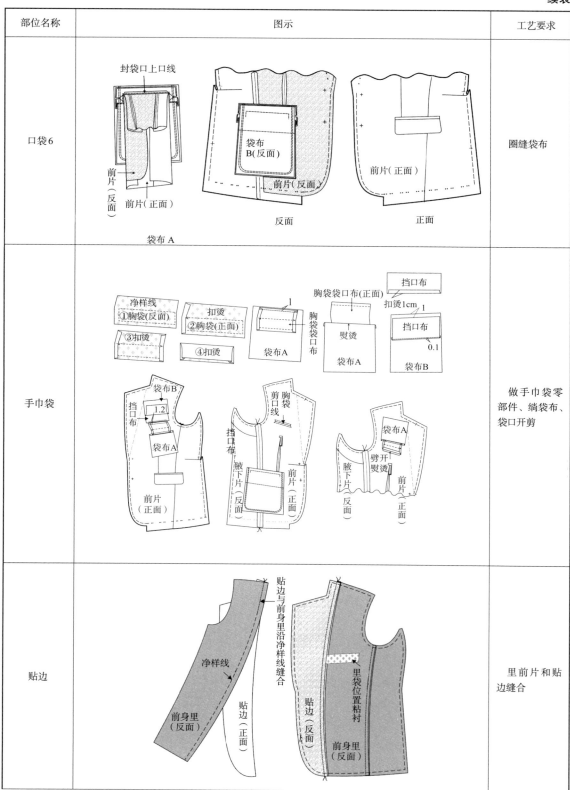	圈缝袋布
手巾袋		做手巾袋零部件、绱袋布、袋口开剪
贴边		里前片和贴边缝合

续表

部位名称	图示	工艺要求
后片	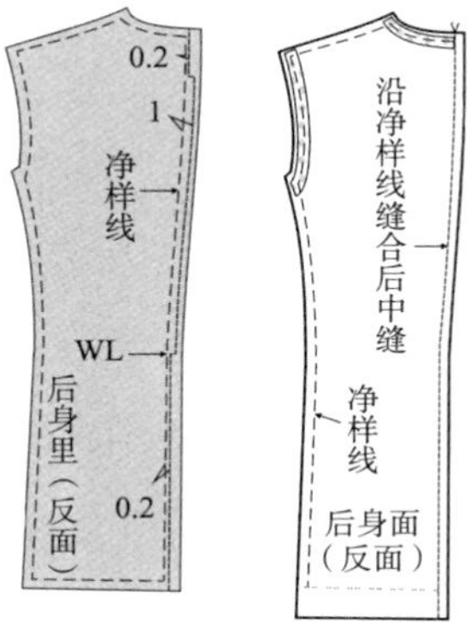 0.2　1　净样线　WL　后身里（反面）　0.2　沿净样线缝合后中缝　净样线　后身面（反面）	面布、里布后片辑缝后中缝线
左右腋下片	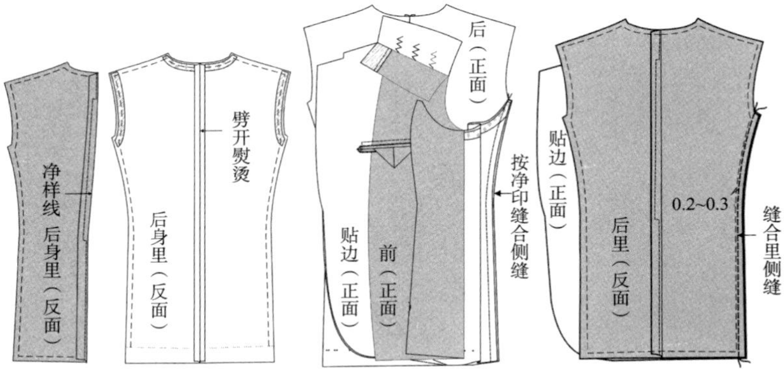 净样线　后身里（反面）　劈开熨烫　后身里（反面）　后（正面）　贴边（正面）　前（正面）　按净印缝合侧缝　贴边（正面）　后里（反面）　0.2~0.3　缝合里侧缝	劈烫后中缝线，勾缝两侧腋下片
里后片、里腋下片	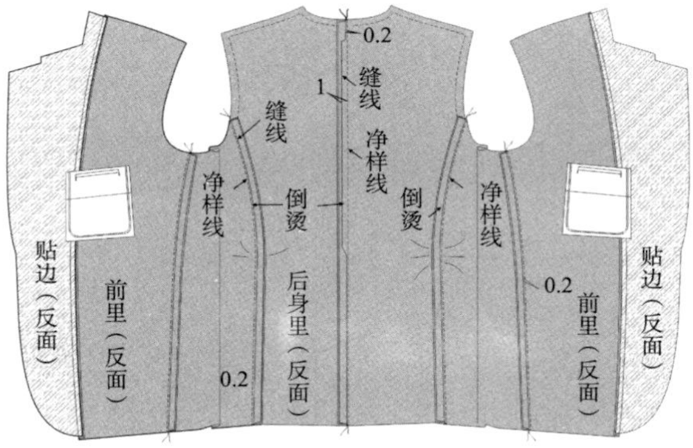 0.2　缝线　1　净样线　倒烫　净样线　倒烫　净样线　贴边（反面）　前里（反面）　0.2　后身里（反面）　0.2　前里（反面）　贴边（反面）	里布腋下片倒烫，预留0.2cm余量
下摆	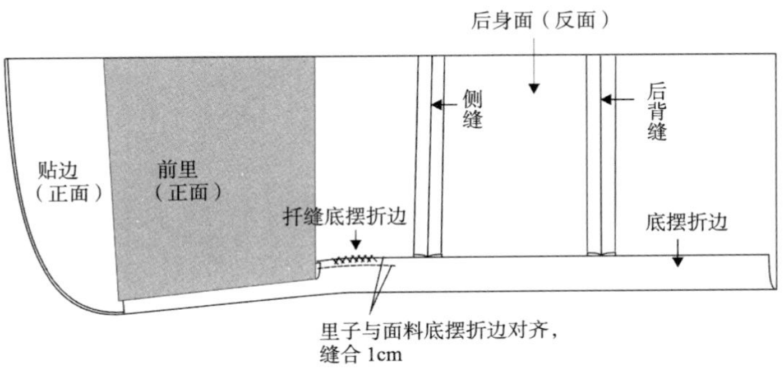 后身面（反面）　侧缝　后背缝　贴边（正面）　前里（正面）　扦缝底摆折边　底摆折边　里子与面料底摆折边对齐，缝合1cm	折烫下摆边，手针缝三角针

部位名称	图示	工艺要求
面布、里布肩缝	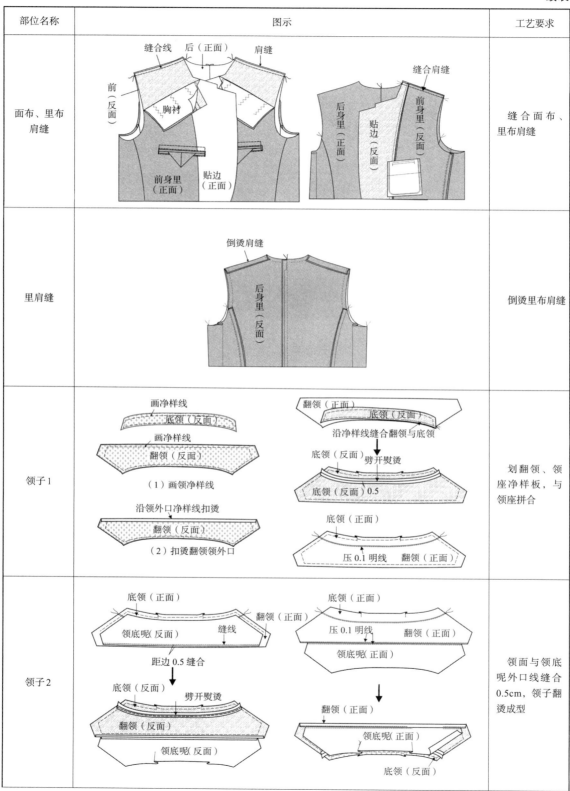	缝合面布、里布肩缝
里肩缝		倒烫里布肩缝
领子1		划翻领、领座净样板，与领座拼合
领子2		领面与领底呢外口线缝合0.5cm，领子翻烫成型

部位名称	图示	工艺要求
领子3		缲领子、辑缝领口线
领子4		翻领、领座拼合处压0.1cm明线
袖子		勾缝袖底缝和袖外缝，袖口里面缝合

部位名称	图示	工艺要求
衣身与袖窿	看袖侧别针 / 袖面（反面）/ 前（反面）/ 胸衬 / 绱袖线 / 双道线 / 前身面（反面）/ 前身里（反面）	大头针固定袖子缝份和吃势量，绱袖子
垫肩	袖山垫条 3 / 30cm / 肩点 / 0.3 / 袖山垫条 / 后身里（正面）/ 前身面（正面）/ 驳头 / 袖 / 肩线 / 用别针固定垫肩	手针固定袖山垫条，大头针固定垫肩
垫肩与袖窿	固定在缝头上 / 垫肩 / 前身里（反面）/ 贴边（反面）/ 胸衬 / 前身面（反面）	手针缝合垫肩

部位名称	图示	工艺要求
男西服成品	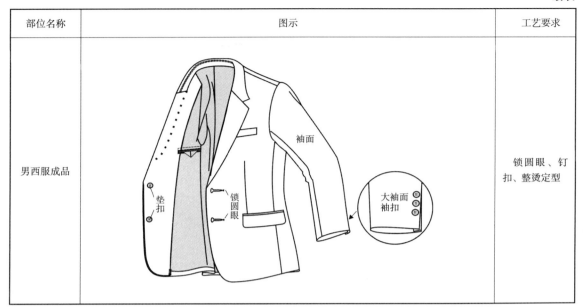	锁圆眼、钉扣、整烫定型

5.5　中小学生制服生产工序划分

5.5.1　中小学生制服男西服生产工序划分

中小学生制服男西服生产工序划分见表5-5。

表5-5　中小学生制服男西服生产工序划分

工序号	工种	工序名称	作业范围
1	裁剪工	排料划样（面料）	注明型号、规格、板数、标记
2		排料划样（里料）	注明型号、规格、板数、标记
3		排料划样（大身衬）	注明规格、层数
4		排料划样（胸衬）	注明规格、层数
5		排料划样（下节衬）	注明规格、层数
6		排料划样（袋布）	注明规格、层数
7		开刀（面料）	—
8		开刀（里料）	—
9		开刀（大身衬）	—

工序号	工种	工序名称	作业范围
10		开刀（胸衬）	—
11		开刀（下节衬）	—
12		开刀（袋布）	—
13		开刀前复核（面料）	复核排料、规格、数量
14		开刀前复核（里料）	复核排料、规格、数量
15		开刀后检查（面料）	复核排料、规格、数量
16		打线丁分片	省尖、袋角打线丁、领角分片
17		前、后片劈片	包括剪省道、划背缝线
18		铺料（面料）	层数
19		铺料（里料）	层数
20		铺料（大身衬）	层数
21		铺料（胸称）	层数
22		铺料（下节衬）	层数
23	裁剪工	铺料（袋布）	层数
24		验片（里）	查看织疵
25		开包编号	衣片、里子、零部件、袋布编号、驳头衬、袖口衬、下节衬等
26		耗料（面料）	包括里料、结算、退料
27		耗料（里料）	—
28		耗料（大身衬）	—
29		耗料（胸衬）	—
30		耗料（下节衬）	—
31		耗料（袋布）	—
32		整理（大身衬）	点数、分档扎好
33		整理（胸称）	—
34		整理（下节衬）	—
35		整理（袋布）	—

工序号	工种	工序名称	作业范围
36	裁剪工	整烫里子	指烫平、卷好
37		推门	—
38		烫止口	—
39		归、拔领面	—
40		分烫省道	—
41		烫大身衬	—
42		扣烫手巾袋口	一个
43		扣烫大袋盖	包括划剪袋盖
44		分烫袋口	熨烫
45		归、拔后背	熨烫
46		归、拔领里	熨烫
47		划烫领串口	熨烫
48		分烫摆缝面	熨烫
49	缝纫烫工	扣烫摆缝面	熨烫
50		扣烫底边	熨烫
51		扣烫止口	熨烫
52		扎、烫领角	包括分串口
53		归拔偏袖弯度	熨烫
54		烫驳头	熨烫
55		烫袋	包括烫大身牵条
56		烫底边里	包括翻出
57		分烫肩缝	熨烫
58		轧、烫袖窿	熨烫
59		分烫里袖缝	熨烫
60		扣烫袖口	熨烫
61		分烫、扣烫外袖缝	包括扣烫袖衩
62		整烫袖子	两个

工序号	工种	工序名称	作业范围
63	缝纫烫工	归、拔贴边面	熨烫
64		烫贴边里	包括烫里子省道
65		剪口商标	—
66		粘烫里袋衬	两个
67		扣烫袖里	一副
68		分烫袖里	—
69	缝纫手工	敷衬	包括省、划驳头线、边口剪齐
70		敷大身牵条	包括敷驳口牵条，撕环牵条
71		复挂面（过面）	包括劈贴边直丝、对号
72		拱止口	拱针机
73		拱手巾袋角	拱针机
74		敷领面	—
75		包领角	两个角
76		翻扎止口	—
77		劈（止口）门	包括修剪止口衬
78		缝贴边	包括里袋布，针距3~4cm
79		划剪手巾口衬	一个
80		开剪大袋、手巾袋口	开袋机
81		做背衩	—
82		划、剪领头	—
83		劈肩头	—
84		修剪止口	手工
85		装垫肩	—
86		缝串口	—
87		扎领角	—
88		撬领角	—

工序号	工种	工序名称	作业范围
89	缝纫手工	领发裁片	—
90		修剪前身里	—
91		划剪袋盖面	两个
92		划剪手巾袋面	一个
93		修剪大袋盖	两个
94		划大袋、手巾袋位	—
95		缝大袋布、缝手巾袋布	针距3~4cm
96		手敷背衩牵条	—
97		扎缝底边	—
98		缝背衩	针距4cm
99		扎、缝肩缝	包括扎前领圈、袖隆
100		扎肩里	—
101		缲底边角	撬边机
102		缲背衩	包括背缝绷三角针
103		缲袖衩	两个
104		缝袖口、缝袖缝	包括翻出,两个
105		劈烫袖缝	包括袖里缝
106		缝袖隆里	—
107		划里袋位	两个
108		修剪袖隆里	—
109		拆假缝线	—
110	缝纫车工	夹(勾)止口	—
111		装大袋牵线	两个
112		装手巾袋口	一个
113		做大袋	包括辑袋底两个
114		做手巾袋	包括辑袋底

工序号	工种	工序名称	作业范围
115		装领	包括划、缉串口, 对号
116		装袖	包括对号
117		拉缉袖山头吃势（吃度）	—
118		收缉前身省道	—
119		缉大身衬	—
120		夹（勾）大袋盖	两个
121		做里袋	两个
122		绗领里	—
123		拷（合）摆缝面	包括对号
124		拷（合）肩缝	—
125		缉、翻袖口	包括加放袖口衬两个
126		缉外袖缝	—
127		缉贴边里	包括里子收省
128	缝纫车工	缉背缝	平缝
129		机缝三角针	三角针机
130		缉里子背缝	平缝
131		缉翻底边	平缝
132		做垫肩	外口机缉两个
133		钉吊带	平缝
134		机扎驳头	平缝
135		拷（合）摆缝里	平缝
136		拉缉前袖隆牵条	平缝
137		拉缉后袖隆牵条	平缝
138		缉袖里缝	平缝
139		缉袖里	一副
140		钉商标	平缝
141		缉大袋垫头	两个

续表

工序号	工种	工序名称	作业范围
142		做里袋布	包括缉垫头、加放小尺码两个
143		缉拼领衬	平缝
144	缝纫车工	缉拼领里	平缝
145		做吊带	包括对号
146		缉领衬袋盖布	—
147	检验工	检验半成品	—
148		检验	整体检验
149		机锁眼	眼位样板
150	锁钉工	钉纽扣	扣位样板
151		划眼位	用型板
152		划纽位	包括袖口位
153	整烫工	整烫	整体整烫
154	包装工	折衣	—
155		套袋	包装，配号

5.5.2　中小学生制服男西裤生产工序划分

中小学生制服男西裤生产工序划分见表5-6。

表5-6　中小学生制服男西裤生产工序划分

工序号	工种	工序名称	作业范围
1		排料划样（面料）	注明型号、规格、板数、标记
2		排料划样（袋布）	注明型号、规格
3		排料划样（腰头衬）	—
4	裁剪工	开刀（面料）	—
5		开刀（袋布）	—
6		开刀（腰衬）	—
7		开刀前复核	复核排料、规格、数量

工序号	工种	工序名称	作业范围
8	裁剪工	开刀后检查	—
9		铺料(面料)	层数
10		铺料(袋布)	层数
11		铺料（腰衬）	层数
12		开包编号	裤片、零部件、袋布、腰里、里襟编号
13		打线丁	折后省省尖
14		耗料(面料)	包括理料、结算、退料
15		耗料(袋布)	—
16		耗料（腰衬）	—
17		整理(袋布)	点数，分档，扎好
18		整理（腰头衬）	点数，分档，扎好
19	缝纫烫工	扣烫小裤底	两个
20		烫后袋	两个
21		扣斜袋口	两个
22		扣烫里襟	—
23		扣烫脚口	两个
24		扣烫腰节	包括修翻腰角
25		修剪扣腰头衬	—
26		分烫侧缝	包括扣烫斜袋布
27		分烫下档缝	—
28		剪扣商标	—
29		分烫腰头面、腰头衬	—
30	缝纫手工	开剪袋口	两个
31		领发裁片	—
32		划斜袋位	两个
33		做剪串带襻	八根

工序号	工种	工序名称	作业范围
34	缝纫手工	钉扣	包括加垫布
35		扎腰节	—
36		校对前身大小	—
37	缝纫车工	扎小裤片	—
38		划后袋位	两个
39		扎脚口	两个
40		缲袋角	两个
41		修剪线头	包括拆扎线
42		装后袋嵌线	两个
43		做袋	两个
44		做斜插袋	两个
45		装门里襟拉链	—
46		小裆装门里襟	—
47		装腰头	包括塞串带襻
48		缉后缝	双线
49		缉腰节，缝小裆	钉串带，压门里襟
50		裤片拷边	前后片
51		收缉后省	四个
52		拷下裆缝	—
53		脚口拷边	两个
54		合中缝	—
55		做斜袋布	两个
56		缉斜袋布	两个
57		勾里襟	—
58		钉商标	加小尺码
59		拼腰头坐势，做表袋	包括做表袋布

工序号	工种	工序名称	作业范围
60	缝纫车工	拼接腰头面	—
61		拼接腰衬	—
62	检验	检验半成品	—
63		检验	整体检验
64	锁钉工	机锁眼	—
65		钉组扣	机钉
66		划眼位	扣位板
67		划组扣位	—
68	整烫工	整烫	整体整烫
69	包装工	折衣	—
70		包装	—

5.5.3　中小学生制服女西服生产工序划分

中小学生制服女西服生产工序划分见表5-7。

表5-7　中小学生制服女西服生产工序划分

工序号	工种	工序名称	作业范围
1	裁剪工	排料划样（面料）	注明型号、规格、板数、标记
2		排料划样（里料）	注明型号、规格、板数、标记
3		排料划样（衬）	注明规格、层数
4		开刀（面料）	—
5		开刀（里料）	—
6		开刀（衬）	—
7		开刀前复核（面料）	复核排料、规格数量
8		开刀前复核（里料）	复核排料、规格、数量
9		开刀后检查	—

工序号	工种	工序名称	作业范围
10	裁剪工	铺料（面料）	层数
11		铺料（里料）	层数
12		铺料（衬）	层数
13		剪省道	包括领面分片
14		验片	查看织疵
15		开包编号	衣片、里子、零部件、袋布编号衬头、领衬、大身衬、袖口衬等点数
16		结料（面料）	包括理料、结算、退料
17		结料（里料）	—
18		结料（衬）	—
19		整理	点数、分档、扎好
20		烫里子	里子烫平、卷好
21	缝纫烫工	推门	—
22		翻烫止口	—
23		拔烫领面领里	—
24		翻烫领止口	—
25		分烫领角串口	—
26		翻烫领子	两个
27		翻烫袋盖	两个
28		分烫嵌线	两个
29		归拔后背	—
30		归拔偏袖弯度	—
31		分烫肩头、摆缝面	—
32		扣烫底边	—
33		烫衬	—
34		烫里止口	—
35		烫驳头	—

工序号	工种	工序名称	作业范围
36	缝纫烫工	烫驳头牵条	—
37		烫袖窿	—
38		分烫袖缝	包括扣烫袖贴边、袖开衩
39		整烫袖子	两个
40		扣烫肩头摆缝里	—
41		烫贴边里子	—
42		扣烫袖里	一副
43		剪扣商标	—
44		分烫领衬领里	—
45	缝纫手工	敷衬	包括缝省
46		敷贴边	—
47		扳止口	—
48		修剪领止口	—
49		扳领止口	—
50		劈剪大身衬	指驳头以下止口部位
51		劈前驳头衬	—
52		敷驳头、驳口牵条	包括环牵条
53		开剪扣眼	两个
54		开剪袋口	两个
55		扎缝贴边	包括缝袋布、修大身里子、贴边串口
56		装垫肩	两个
57		缝领角	—
58		开锁扣眼	两个
59		修剪止口	包括拆扎线
60		修领面	—
61		扳领角	—

工序号	工种	工序名称	作业范围
62		扎缝串口	—
63		缲底边	后身
64		领发裁片	—
65		划袋位	两个
66		划剪袋盖	两个
67		缝袖缝	两个
68		劈烫袖缝	—
69		修领圈衬	—
70		修扎眼子	两个
71		划、剪袋盖面	两个
72		划、剪袋盖里	两个
73		划、剪袋盖衬	两个
74	缝纫手工	划、剪领衬	包括编号
75		缝肩头	—
76		缝袖窿	—
77		撬袖开衩	两个
78		划眼位	两个
79		粘袖衬	两个
80		粘袋牵条	两个
81		翻吊带	—
82		缝底边里子	—
83		缝袖口	两个
84		缝摆缝	—
85		缝底边	包括翻出
86		拆全件扎线	—
87		装袋盖嵌线	两个

工序号	工种	工序名称	作业范围
88		做大袋	全部、两个
89		夹（勾）止口	—
90		抽袖山头吃势（吃度）	—
91		装领	包括缉串口、对号
92		装袖	包括对号
93		夹（勾）领止口	—
94		收省道	包括肋省、胸省、肩省
95		拉止口牵条	—
96		锁扣眼	两个
97		夹（勾）袋盖	两个
98		缉外袖缝	—
99		缉翻袖口	两个
100	缝纫手工	合摆缝面	包括对号
101		缉袖窿里	—
102		拷（合）肩头面	—
103		缉领里	—
104		拼接大身衬	包括缉奶壳衬
105		机扎驳头	—
106		缉挂面（过面）里子	—
107		缉背缝	—
108		收缉肩省	—
109		缉里袖缝	—
110		缉袖里	一副
111		缉后领里	—
112		缉底边里	（棉花垫肩）两个
113		做垫肩	平缝

工序号	工种	工序名称	作业范围
114	缝纫手工	拉绱前袖窿牵条	平缝
115		拉绱后袖窿牵条	平缝
116		绱里子背缝肩省	平缝
117		拷（合）摆缝面	平缝
118		钉商标	平缝
119		拷（合）肩头里	平缝
120		绱吊带	平缝
121		拼绱领衬领里	平缝
122	检验工	检验半成品	—
123		检验	整体检验
124	锁钉工	钉纽扣	—
125		点纽位	包括袖口纽位
126	整烫工	烫成品	整体熨烫
127	包装工	折衣、套袋	包装，配号

5.5.4　中小学生制服衬衫生产工序划分

中小学生制服衬衫生产工序划分见表5-8。

表5-8　中小学生制服衬衫生产工序划分

工序号	工种	工序名称	作业范围
1	裁剪工	排料划样	注明型号、规格、板数、标记
2		开刀（面）	磨电刀、加油、钻眼、边角料装袋
3		开刀（领衬）	磨电刀、加油、边角料装袋
4		开刀前复核	复核排样、规格、数量
5		开刀后检查	复核规格、检查刀口、修正刀口
6		铺料（面）	匹布装架、断料、分清匹数、量余料

工序号	工种	工序名称	作业范围
7	裁剪工	分包编号	分衣片、编号盖章、标签、扎包、装袋
8		验片	检查残疵、修补织疵、夹调片、记录
9		铺料（领衬）	匹衬装架、断料、量余料、记录
10		划样	注明型号、规格、板数、标记
11		结料（面）	理料、结算、退料、记录
12		结料（领衬）	—
13	缝纫案板工	修、翻、烫领子	电熨斗熨烫
14		翻、烫袖头	—
15		翻烫门里襟	—
16		划领衬	剪领角
17		粘烫领面	领衬、点数、保管领衬
18		分烫领面、领里中缝	—
19		领衬热定型	—
20		粘烫领里	—
21		粘烫领角	—
22		扣烫面领角	—
23		修领角	划眼刀
24		剪扣商标	领商标、点数、保管商标
25	缝纫车工	包领角	领包角布、回形针固定
26		装袖	包缝
27		装袖头	平缝
28		装领	平缝
29		压领	平缝
30		夹（勾）领止口	平缝
31		缝袖开衩	袖开衩
32		拉袖山头吃势（吃度）	—

工序号	工种	工序名称	作业范围
33	缝纫车工	夹（勾）袖头	平缝
34		绱（合）摆缝	包缝
35		卷绱底边	平缝
36		收绱前胸省	平缝
37		收绱后肩省	平缝
38		夹（勾）门里襟底边	平缝
39		拼绱领面中缝	平缝
40		拼绱领里中缝	平缝
41		绱领里上口	平缝
42		绱领下角	平缝
43		钉商标	平缝
44		拼接袖开衩	平缝
45		封袖开衩	平缝
46		绱袖口细褶	平缝
47		拉绱袖头衬	领袖头衬、点数、保管衬
48		绱（合）肩缝	—
49	检验工	检验半成品	复核规格、负责退修、巡回检查半成品质量
50		检验成品	—
51		—	—
52		—	—
53	锁眼工	机锁眼	装眼刀、校标尺
54		机钉纽扣	扣位板
55		定纽位	—
56		修剪线头	整体
57	整烫工	整烫	整折，清除油污渍，检查跳、漏线
58	包装工	套袋	折好包装

5.5.5 中小学生制服裙子生产工序划分

中小学生制服裙子生产工序划分见表5-9。

表5-9 中小学生制服裙子生产工序划分

工序号	工种	工序名称	作业范围
1	裁剪工	排料划样（面料）	注明型号、规格、板数、标记
2		排料划样（里料）	注明型号、规格
3		排料划样（腰头衬）	—
4		开刀（面料）	
5		开刀（里料）	
6		开刀（腰头衬）	
7		开刀前复核	复核排料、规格、数量
8		开刀后检查	—
9		铺料(面料)	
10		铺料（里料）	
11		铺料（腰头衬）	—
12		开包编号	裙片、零部件、腰头里、编号
13		打线丁	折后省省尖
14		结料（面料）	包括理料、结算、退料
15		结料（腰头衬）	—
16		整理（腰头衬）	点数，分档，扎好
17	缝纫手工	锁边	前、后裙片面料的侧缝、下摆
18		作标记、粘衬	清剪开衩处多余部分
19	缝纫车工	收省缝	前后片面布省缝
20		缝合面布后中缝	平缝
21		缝合左右开衩处	平缝
22		左右前裙片面布省缝	—
23		开衩处反面	平缝

续表

工序号	工种	工序名称	作业范围
24	缝纫车工	收前后片里布省缝	平缝
25		缝合里布后中缝	平缝
26		缝合里布两侧缝	里料两侧一起锁边
27		将拉链绱在里料上	平缝
28		将拉链临时固定在面料上	手针
29		将拉链绱在面料上	平缝
30		缝合下摆开衩处	缝合面里裙片后中心下摆
31		固定面料、里料、裙片布	手针缭缝
32		绱裙腰头	平缝
33		漏落缝固定裙腰头里	平缝
34	缝纫烫工	熨烫省缝	前后片面里布
35		劈烫后中线	劈缝
36		劈烫侧缝，折烫下摆	—
37		倒烫里料省缝	倒缝
38		倒烫两侧缝	左右前后侧缝倒向前裙片
39		熨烫裙腰头	—
40	锁钉工	钉裙钩	—
41	检验	检验半成品	—
42		检验	整体检验
43	整烫工	整烫	整体整烫
44	包装工	折衣	—
45		包装	—

5.6 中小学生制服工艺要求

5.6.1 中小学生制服缝纫针距密度要求

（1）中小学生制服缝纫过程中对针距密度的要求，见表5-10。

表5-10 中小学生制服缝纫针距密度要求

项目		针距密度	备注
明、暗线		3cm不少于12针	—
包缝线		3cm不少于9针	—
手工针		3cm不少于7针	肩缝、袖隆、领子不少于9针
三角针		3cm不少于5针	以单面计算
锁眼	细线	1cm不少于12针	—
	粗线	1cm不少于9针	—
钉扣	细线	每眼不少于8根线	缠脚线高度与扣眼止口厚度相适应
	粗线	每眼不少于6根线	

（2）各部位缝制要求。

①学生制服各部位缝制要平服、无扭曲，线迹顺直、整齐、平服、牢固，针迹均匀，上下线松紧要适宜，起止针处及袋口应回针缲牢。

②领子平服，领型端正，不反翘，领子部位明线不允许有接线。

③门襟平直，缙拉链缲线要顺直，拉链带平服，左右高低一致。

④缙袖圆顺，前后基本一致。

⑤袋与袋盖要方正、圆顺，前后高低一致。

⑥折边的宽度要适当、均匀，不因折边而出现褶皱。

⑦褶裥要均匀整齐，轮廓分明，无明显的弯曲与变化。

⑧裤子后裆缝需缲双趟线。

⑨四合扣上下扣松紧适宜，装钉牢固，不脱落，四合扣上下要对位。

⑩锁眼定位要准确，大小适宜；锁眼间的距离相差不大于0.8cm；扣与眼对位，眼位不偏斜；锁眼针迹美观、整齐、平服，且在其两端各打套结2～3针。

⑪钉扣牢固，扣脚高低适宜，扣与眼位互差不大于0.5cm；缠脚高度与扣眼厚度相适宜，缠绕三次以上（装饰扣可不缠绕）；收线打结应结实完整，线结不外露。

⑫ 裤钩的装钉应端正、准确、牢固。每一钩眼中采用双线缝三次以上，单线缝五次以上，且打结牢固，对较薄的面料要用锁眼衬或在里层加而补强。

⑬ 拉链缝钉位置必须端正，两边缝线应松紧一致，上、下端缝钉起始处采用来回针加固，整条拉链拉动应自如。

⑭ 商标缝钉位置要端正、牢固，耐久性标签内容应清晰明确。

⑮ 机织面料学生服各部位缝份不小于0.8cm，所有外露、受力缝份均应包缝。

⑯ 针织面料学生服合缝处明缝线迹用四线或五线包缝机缝制；沿边包缝合缝处应打回针或加固。

⑰ 绱领用包缝机缝制时，后领部位用双针机绷缝或包领条。

⑱ 对称部位缝制线迹要基本一致。

⑲ 明线部位缝纫时曲折高低不大于0.3cm；领子部位不允许跳针，其余部位缝迹在30cm内不得有两处以上单跳针或连续跳针。链式线迹不允许跳针。

5.6.2　中小学生制服熨烫要求

（1）各部位熨烫整理完毕后，服装应平服、整洁，无烫黄、色斑、油污、烫焦、水渍及亮光，叠迹适当，风格优良。

（2）烫黏合衬部位不允许有脱胶、渗胶及起皱现象。

（3）不得因整烫而造成对附属品的破坏。

5.6.3　中小学生制服外观质量要求

（1）表面疵点。中小学生制服机织面料表面疵点，按照每个独立的部位只允许疵点一处，超过一处降为下一个缺陷等级，如轻缺陷降为重缺陷，以此类推。未列入本标准的疵点按其形态，参照表5-11相似疵点执行。

表5-11　表面疵点规定

疵点名称	各部位允许存在程度		
	1号部位	2号部位	3号部位
粗于2倍粗纱3根	不允许	长1～3cm	长3～6cm
粗于3倍粗纱4根	不允许	不允许	长小于2.5cm
经缩	不允许	不明显	长小于4cm，宽小于1cm
颗粒状粗纱	不允许	不允许	不影响外观
色差	不允许	不影响外观	轻微

续表

疵点名称	各部位允许存在程度		
	1号部位	2号部位	3号部位
斑疵（油、锈、色斑）	不允许	不影响外观	不大于0.2cm²

（2）规格尺寸差异。

中小学生制服各部位尺寸差异，见表5-12。

表5-12　中小学生制服各部位规格尺寸差异　　　　　　　　　单位：cm

各部位规格尺寸差异		差异规定
门襟、左右侧缝长度不一致		≤0.8
肩宽不一致		≤0.8
脚口大不一致		≤1.0
袖长不一致	长袖	≤1.0
	短袖	≤0.8
裤长不一	长裤	≤1.0
	短裤	≤0.8

（3）纱向和纹路歪斜。

①机织面料经纬纱向：不允许歪斜，领面、后身、袖子、前后裤片的允斜程度不大于3%；色织布或印花料、条格料不大于2%。

②针织面料纹路歪斜：不大于9%（仅考核夏装上衣）。

（4）机织中小学生制服对条、对格。学生制服使用机织面料有明显条格（大小在1.0cm以上）的对条、对格按表5-13规定执行。

表5-13　中小学生制服对条对格表

部位名称	对条对格规定	备注
左右前身	条料顺直，格料对横，互差不大于0.3cm	格子大小不一时，以衣长的1/2上半部分为主
袋与前身	条料对条，格料对格，互差不大于0.3 cm，斜料贴袋左右对称，互差不大于0.5 cm（阴阳条格例外）	遇格子大小不一时，以袋前部为主（靠近前中心端）
领尖、驳头	条料对称，互差不大于0.2 cm	遇阴阳格时，以明显条格为主

续表

部位名称	对条对格规定	备注
袖子	条料顺直，格料对横，以袖山为准，两袖对称，互差不大于 0.8 cm	—
背缝	条料对条、格料对横，互差不大于 0.3 cm	—
摆缝	格料对横，袖窿 10cm 以下互差不大于 0.4 cm	—
裤侧缝	侧缝袋口 10cm 以下处格料对横，互差不大于 0.4 cm	—

（5）色差。

①领子、驳头、前后过肩、前腰头与大身的色差不低于 4 级，里子色差不低于 3～4 级。

②敷黏合衬或多层料所造成的色差不低于 3~4 级，其他表面位置与大身色差不低于 4 级。

③套装中上装与下装的色差不低于 4 级。

（6）拼接。

贴边在驳头以下、最下端扣眼位置以上允许拼接一次，但应避开扣眼位。领里可对称拼接一次（立领不允许），裙子、裤子腰头拼接位置在后中缝或侧缝处允许一拼。其他部位除设计需要外不允许拼接（仅考核机织学生服）。

5.7　理化性能

5.7.1　基本安全性能

服装成品的基本安全性能见表 5-14。

表 5-14　服装成品的基本安全性能

项目	要求	
	直接接触皮肤类服装	非直接接触皮肤类服装
甲醛含量（mg/kg）	≤75（幼儿园园服≤30）	≤300
pH 值	4.0～8.5	4.0～9.0
异味	无霉味、汽油味、煤油味、鱼腥味、芳香烃味、未洗净动物纤维腥膻味、臊味及其他刺激性气味	
可分解致癌芳香胺染料	禁用，限量值≤20mg/kg	

续表

项目	要求		
可萃取重金属含量（mg/kg）	锑（Sb）	≤ 30.0	≤ 30.0
	砷（As）	≤ 0.2	≤ 0.2
	铅（Pb）	≤ 0.2	≤ 0.2
	镉（Cd）	≤ 0.1	≤ 0.1
	铬（Cr）	≤ 1.0	≤ 1.0
	铬（Cr）（Ⅵ）	≤ 0.5	≤ 0.5
	钴（Co）	≤ 4.0	≤ 4.0
	铜（CU）	≤ 50.0	≤ 50.0
	镍（Ni）	≤ 4.0	≤ 4.0
	汞（Hg）	≤ 0.02	≤ 0.02
物理安全性	1. 成品服装内不得残留金属针 2. 纽扣、拉链、装饰物等附件不得有毛刺、可触及性锐利边缘和尖端		

注 非直接接触皮肤类产品明示的安全技术类别为A类或B类时，按明示安全技术类别考核；直接接触皮肤类产品明示的安全技术类别为A类时，就按明示安全技术类别考核

5.7.2 色牢度

服装面料、里料、色牢度的技术要求有如下规定：

（1）里料要求。里料的耐干摩擦色牢度、耐皂洗沾色色牢度、缝纫线耐皂洗沾色色牢度均不低于3级，绣花线耐皂洗沾色色牢度不低于3~4级（深色3级）。

（2）面料的色牢度技术要求见表5-15。

表5-15 面料的色牢度技术要求

项目		色牢度允许程度
耐皂洗色牢度	变色	≥ 3~4级
	沾色	≥ 3~4级
耐汗渍色牢度	变色	≥ 3~4级
	沾色	≥ 3~4级

项目		色牢度允许程度
耐摩擦色牢度	干摩擦	≥3～4级
	湿摩擦	≥3～4深色为3级
耐水色牢度	变色	≥3～4级
	沾色	≥3～4级
耐光色牢度	变色	≥4级
耐光汗复合色牢度	变色	≥3级
拼接互染色牢度		≥4级

注　1.按GB/T 4841.3规定，颜色大于或等于1/12染料染色标准深度为深色，颜色小于1/12染料染色标准深度为浅色。

2.耐皂洗色牢度、耐摩擦色牢度要考核印花部位。

3.耐光汗复合色牢度仅考核直接接触皮肤类服装。

4.拼接互染色只考核深色和浅色拼接的产品。

5.7.3　耐用性

中小学生制服的耐用性要求见表5-16。

表5-16　中小学生制服的耐用性要求

项目			要求
起球（级）	针织物		≥3～4级
	机织物		≥3～4级
水洗尺寸变化率（%）	针织面料学生制服		直向：-6.5～+3% 横向：-6.5～+3%
	机织中小学生制服	领围	≥-2.0（只考核关门领）
		胸围	≥-2.5%
		衣长	≥-3.5%
		腰围	≥-2.0%
		裤（裙）长	≥-3.5%

续表

项目		要求
洗涤干燥后外观平整度（仅考核可水洗耐久压烫学生装）		≥4级
烫黏合衬部位起泡脱胶（仅考核可水洗学生装）		不允许
洗涤干燥后接缝处外观质量（仅考核可水洗学生装）		≥4级
水洗后扭曲率（%）		上衣≤5%；裤子≤1.5%
断裂强力（仅考核机织面料）		经向≥245N，纬向≥200N
缝子纰裂程度		≤0.5cm 纰裂试验结果出现织物断裂、织物撕破现象判定为合格；出现滑脱现象判定为不合格；出现缝线断裂现象，判定为缝纫性能不合格
裤后裆缝接缝强力		面料≥140N，里料≥80N
撕破强力（仅考核梭织面料）		面料≥10N，纯棉织物（单位面积质量≤140g/㎡）≥7N
烫黏合衬部位的剥离强度		≥6N
顶破强力（仅考核针织面料）		上衣≥180N，裤子≥220N
耐磨性 d	单位面积质量≤339g/㎡	≥15000次
	单位面积质量>339g/㎡	≥25000次
纽扣等不可拆卸小物件牢度		要求受力70N±2N后不从衣服上脱落

注 1.起毛、起绒类产品不考核起球。

2.水洗尺寸变化率不考核短裙、短裤、褶皱类产品的褶皱向，弹力织物的横向。

3.夹克式学生装上衣不考核水洗后扭曲率。

4.耐磨性两根或两根以上非相邻纱线被磨断为试验终止。

5.7.4 舒适性

中小学生制服的舒适性要求见表5-17。

表5-17 中小学生制服的舒适性要求

项目	要求
面料、里料的透气率（仅考核夏装）	≥180mm/s
面料、里料透湿量	≥2500g/（㎡·d）

5.7.5 纤维成分含量

纤维成分含量允差按GB/T 29862的规定。

第6章 检测方法及包装

6.1 检验工具及测量规定

6.1.1 检验工具

（1）钢卷尺、钢板尺，分度值为1mm。

（2）评定变色用灰色样卡（GB/T 250）。

（3）评定沾色用灰色样卡（GB/T 251）。

（4）1/12染料染色标准深度色卡（GB/T 4841.3）。

6.1.2 成品规格测量规定

成品主要部位规格测量方法见表6-1。

表6-1 成品主要部位规格测量方法

序号	部位	测量规定
1	衣长	量前衣长时，由肩缝最高点量至底边，量后衣长时，由后领中垂直量至底边
2	胸围	系好纽扣或拉链后，前后身平铺，沿袖窿底缝水平横量
3	领大	领子摊平横量，立领量上口，其他领量下口（搭门除外，开门领不考核）
4	袖长	装袖，由肩袖缝交叉点沿袖中线量至袖口边中间；连身袖，由后领中心经肩袖缝交叉点沿袖中线量至袖口边中间
5	大肩宽	由肩袖缝交叉点，平摊横量
6	腰围	扣上裤（裙）纽扣或挂钩，沿腰头中间横量（一周计算）
7	裤长	由腰头上口沿侧缝摊平垂直量至脚口边
8	裙长	半身裙由腰上口沿侧缝量至底边。连衣裙由肩缝最高点垂直量至底边，或由后领底中心垂直量至裙底边

6.1.3　外观质量检验规定

（1）一般采用灯光检验时，用40W青光或白光日光灯一支，上面加灯罩，灯罩与检验台面中心垂直距离为80cm±5cm。

（2）如在室内利用自然光，光源射入方向为北向左（或右）上角，不能使阳光直射产品。检验时应将产品平放在检验台上，台面铺白布一层，检验人员的视线应正视平摊产品的表面，目光与产品中间距离为35cm以上。

（3）测定色差程度时，被测部位应纱向一致。入射光与织物表面约成呈45°，观察方向大致垂直于织物表面，距离60cm进行目测，并与GB/T 250样卡对比。

（4）针距密度的测定方法为：在成品上任取三处单位长度进行测量（厚薄部位除外），取最小值。

（5）纬斜和弓斜按GB/T 14801的规定执行。

6.2　内在质量检验规定

6.2.1　基本安全性能检验规定

（1）甲醛含量测试。甲醛含量测试按GB/T 2912.1的规定执行。面里料能分开的，分开进行检测；面里料一体的，整体进行检测；覆黏合衬时，带黏合衬一起检测；花型特殊处理产品应将花型部分和空白部分分别进行检测。以所有单独检测的试验结果中最大的值为最终试验结果。

（2）pH值测试。pH值测试按GB/T 7573的规定执行。萃取介质采用氯化钾溶液，取样参照甲醛项目取样方法。

（3）其他测试。

①异味测试按GB 18401及GB 18383的规定执行。

②可分解致癌芳香胺染料测试按GB/T 17952的规定执行。

③绳索和拉带安全测试按GB 22705—2008的标准规定执行。

④可萃取重金属含量测试按GB/T 17593（所有部分）的规定执行。

⑤物理安全性的检针试验按附录A的规定。毛刺、可触及性锐利边缘和尖端测试采用手感、目测法。

（4）色牢度测试。

①耐皂洗色牢度测定按GB/T 3921 A1的规定执行。

②耐摩擦色牢度测定按GB/T 3920的规定执行。

③耐汗渍色牢度测定按GB/T 3922的规定执行。

④耐水色牢度测定按GB/T 5713的规定执行。

⑤耐光色牢度测定按GB/T 8427方法3的规定执行。

⑥耐光汗复合色牢度测定按GB/T 14576B的规定执行。

6.2.2　耐用性检验规定

（1）起毛起球检验方法。

取样：在成品未覆黏合衬部位任意裁取试样5块。毛针织物及仿毛针织物按GB/T 4802.3规定执行；其他织物按GB/T 4802.1规定执行。评级按GSB—16—1523—2002针织物起毛起球样照或精梳毛织品起球样照（绒面、光面）或粗梳毛织品起球样照比，取5个试样测试结果的平均值。

（2）水洗尺寸变化率检验方法。

水洗尺寸变化率检验按GB/T 8628的规定进行，在批量样本中随机抽取三件，结果取三件的算术平均值。如果同时存在收缩或倒涨试验结果时，以收缩或倒涨两件试样的算术平均值作为检验结果；如果三件样品中一件收缩，一件倒涨，一件收缩率为0，则单件分别判定，以高数为最终结果。

（3）水洗后扭曲率。

将做完水洗尺寸变化的成衣平铺在光滑的台上，用手轻轻拍平，每件成衣以扭斜程度最大的一边测量，以3件样品中扭曲率最大值的平均值作为计算结果，水洗前试样已有扭曲，水洗后计算时应计算在内。

扭曲率测量部位：

①上衣水洗前，侧缝与袖窿交叉处垂到底边的点与水洗后侧缝与底边交点间的距离。

②裤子水洗前，内侧缝与裤口边交叉点与水洗后内侧缝与底边交点间的距离。

③裆底点到裤边口的内侧缝距离。

6.2.3　舒适性检验规定

（1）透气率测试，按GB/T 5453规定执行。如果有里料，测试时应按穿着时的实际状态进行试验。

（2）透湿量测试，按GB/T 12704.2规定执行。

（3）纤维含量测试，按FZ/T 01057、GB/T 2910、GB/T 16988、FZ/T 01101等规定执行。

6.3　其他检验方法介绍

6.3.1　针检验方法

（1）原理。

利用磁感应，测定服装中是否存在金属针。

（2）检验仪器。

采用磁铁性金属检测仪，可采用平板式或手持式。检测灵敏度：检测距离 10mm 时为直径 1.2mm 铁球；检测距离 50mm 时为直径 0.7mm 铁球。

（3）试样。

当服装用平板式检测仪时，成品服装上的金属附件应先消磁处理，或去除样品上的金属附件后再进行针检验。当采用手持式检测器时，样品可不必进行以上处理。

（4）检验步骤。

检验前先对仪器进行校准，以确保证仪器的灵敏度。将包装好的服装正反两面逐件置于检测平板上，或采用手持式检测仪，对服装的正反两面表面各处进行检测。

（5）检验结果。

当检验时检测仪发出鸣叫声或显示时，对服装及其包装进行检查，确认服装存在金属针时，记录所检试样存在金属针。

6.3.2　拼接互染程度测试方法

（1）原理。

成衣中拼接两种不同颜色的面料组合成试样，放于皂液中，在规定的时间和温度条件下，经机械搅拌，再经冲洗、干燥进行评定沾色，用灰色样卡对试样的沾色程度进行评级。

（2）试样要求与准备。

当成衣上有的部位适合直接取样时，直接在成衣上选取面料拼接部位，以拼接接缝为试样中心，取样尺寸为 40mm × 200mm，使试样的一半为拼接的第一种颜色，另一半为第二种颜色。

当成衣上没有部位适合直接取样时，可在成衣产品的同批面料上分别剪取两块大小为 40mm × 100mm 的面料拼接，将两块试样沿短边缝合成组合试样。

（3）试验操作程序。

按 GB/T 3921 进行洗涤试验。用 GB/T 251 沾色卡评定两种面料的沾色等级。

6.3.3　缝口脱开程度检验方法

（1）原理。

在垂直于服装（或缝制样）接缝的方向上施加一定的负荷，接缝处脱开，测量其脱开的最大距离。

（2）仪器和工具。

织物强力机，夹钳的距离可调至10cm，夹钳无载荷时移动速度可调至5cm/min，预加张力（重锤）为2N，夹钳对试样的有效夹持面积为2.5cm×2.5cm，裁样剪刀、钢直尺，分度值为1mm。

（3）检验环境。

检验用标准大气，温度为（20±2）℃，相对湿度为（65±4）%。

（4）试样要求与准备。

试样尺寸为：5cm×20cm，其中心线应与缝迹垂直。试样数量，从成品服装的每个取样部位（或缝制样）上各截取三块。

（5）试验步骤。

将强力机的两个夹钳分开至10cm±0.1cm，两个夹钳边缘应相互平行且垂直于移动方向。将试样固定在夹钳中间，使试样直向中心线与夹钳边缘相互垂直。以5cm/min的速度逐渐增加至规定的负荷时，停止夹钳的移动，然后在试样上垂直量取其接缝脱开的最大距离，测量值至0.05cm。若试验中出现纱线从试样中滑脱现象，则测试结果记为滑脱。若试验中出现试样断裂、撕破或缝线断裂现象，则在试验记录中予以描述。

（6）试验结果。

分别计算每部位各试样测试结果的算术平均值，计算结果参考GB/T 8170。若三块试样中仅有一块出现滑脱，则计算另两块试样的平均值，若三块试样中有两块或三块出现滑脱，则结果为滑脱。若试样出现织物断裂、织物撕破或缝线断裂，则结果为织物断裂、织物撕破或缝线断裂。

6.3.4　附件抗拉强力检验方法

（1）原理。

在垂直和平行于校服附件主轴的方向上，在一定时间内施加一定的负荷，来验证校服的附件的抗拉强力是否满足规定的要求。当附件由固定在校服的两部分构成时，两部分都要测试。

（2）施加的负荷。

对附件施加的负荷为70N±2N。

（3）设备测量范围。

测量范围 0～200N 的拉力测试仪。要求拉力测试仪具有显示整个试验过程拉力数值的能力，精度为 ±2N。

（4）试样准备。

随机取中小学生制服成品三件，去除包装，将制服样品置于相对湿度为 65%±4%、温度为 20℃±2℃的标准大气中调湿，并在湿度条件下，完成试验。

（5）检验步骤。

用拉力测试仪的下夹钳夹住附件与学生制服联结处的面料，使附件平面垂直于拉力测试仪的上夹钳。上夹钳夹住被测附件，注意夹持时不得引起被测附件明显变形、破碎等不良现象。沿着与被测附件主轴平行的方向，在 5s 内均匀施加 70N±2N 的负荷，并保持 10s；更换上夹钳，沿着与被测附件垂直的方向，在 5s 内均匀施加 70N±2N 的负荷，并保持 10s，若发现以下情况时。附件从上夹钳中滑落，但未从下层面料被拉掉；附件从上夹钳中滑落并破碎。

（6）记录检验结果。

（7）判定。

当所有被测学生服上的不可拆卸小物件均未从服装上脱落时，判定该测试合格；否则判定为不合格。

6.4　检验分类及规则

6.4.1　检验分类

成品检验包括出厂检验、到货验收检验、形式检验等。

（1）出厂检验规则按 FZ/T 80004 的规定。

（2）到货验收检验按要求全项目或部分项目检验。

注意：生产厂可依据本标准要求对原材料进行质量验收。

（3）形式检验按要求全项目或部分项目检验。

6.4.2　抽样规定

校服外观检验按规定抽样数量，按产品批量进行抽检，抽样数量一般为：

（1）500件（套）及以下，抽取样本10件（套）。

（2）500件（套）以上至1000件（套），抽取样本20件（套）。

（3）1000件（套）及以上，抽取样本30件（套）。

理化性能根据项目需要抽取样本，一般全项检验不少于4件（套）。

6.4.3 判定规则

（1）缺陷分类。

①严重缺陷：严重降低产品的使用性能，严重影响外观的缺陷，称为严重缺陷。

②重缺陷：不严重降低产品的使用性能，不严重影响外观，但较严重不符合本标准要求的缺陷，称为重缺陷。

③轻缺陷：不符合标准要求，但对产品的使用性能、外观有较小影响的缺陷，称为轻缺陷。

（2）缺陷评定。缺陷评定按表6-2的规定执行。

表6-2　缺陷评定标准

项目	序号	轻缺陷	重缺陷	严重缺陷
使用说明	1	使用说明内容不规范	使用说明内容不正确	使用说明内容缺项
外观及缝制质量	2	缝制线迹不顺直、不平服；底边不圆顺；止口宽窄不均匀，不平服；接线处接头明显；起落针处没有回针；30cm有两个单跳线；上下线轻度松紧不适宜	缝制线迹歪斜；30cm有两个单跳线；上下线严重松紧不适宜	缝制线迹严重歪斜；链式线迹跳线
	3	熨烫不平服，有亮光	轻微烫黄，变色	变质，残破
	4	表面有污渍；面料表面有长于1cm的连根线头3根及以上	有明显污渍，面料大于2cm²，里料大于4cm²；水花大于4cm²	有严重污渍，污渍大于3cm²
	5	领子面料、里料松紧不合适；表面不平服；领尖长短或驳头宽窄差大于0.3cm；领窝不平服；起皱；绱领子（以肩缝对比）偏差大于0.6cm	领子面料、里料松紧明显不合适；除领子部位以及其他部位30cm内有两处以上单跳针或连续跳针；领窝明显不平服；起皱；绱领子（以肩缝对比）偏差大于1cm	链式线迹跳线
	6	门襟长于底襟0.5~1cm；底襟长于门襟0.5cm；门、底襟止口反吐；门襟不顺直；装拉链不平服，拉链牙外露宽度不一致	门襟长于底襟1cm以上；底襟长于门襟0.5cm以上；装拉链明显不平服	—
	7	包缝后缝份小于0.8cm；毛、脱、露大于1cm	有明显拆痕；毛、脱、露大于1cm；正面部位布边的针眼外露	毛、脱、露大于2cm
	8	绱袖不圆顺；吃势不均匀；两袖前后不一致大于1.5cm；袖子起吊，不顺	绱袖明显不圆顺；两袖前后不一致大于2.5cm；袖子明显起吊，不顺	—

项目	序号	轻缺陷	重缺陷	严重缺陷
外观及缝制质量	9	锁眼、钉扣、各个封结不牢固；扣眼间距不均匀，互差大于0.3cm；扣位于眼位或者四合扣上下扣互差大于0.3cm	扣眼间距不均匀，互差大于0.6cm；扣位于眼位或者四合扣上下扣互差于0.6cm	—
	10	袖缝不顺直；两袖长度差大于0.8cm；两袖口大小互差大于0.4cm	—	—
	11	肩线不顺直、不平服；两肩线宽窄不一致，互差大于0.5cm	—	—
	12	装拉链不平服，露牙子不一致	装拉链明显不平服	—
	13	表面缝线不顺直；横向缝线、对称缝线互差大于0.4cm	横向缝线、对称缝线互差大于0.8cm	—
	14	—	—	成品内有金属针
	15	口袋、袋盖不圆顺；袋盖与贴袋大小不相宜；开袋豁口或袋牙宽窄互差大于0.5cm	袋口封结不牢固；毛茬；无挡口布	—
	16	—	拉链或缝制部位经洗涤试验后起拱	缝制部位经洗涤试验后破损
拼接	17	—	—	不符合标准规定
规格允许偏差	18	规格超出标准规定50%及以内	规格超出标准规定50%以上	规格超出标准规定100%以上
纬斜	19	超出标准规定50%及以内	超出标准规定50%以上	—
对条对格	20	超出标准规定50%及以内	超出标准规定50%以上	—
辅料	21	线、衬及辅料的色泽与面料不匹配；钉扣线与扣颜色不匹配	—	纽扣及金属扣、附件等脱落；金属件腐蚀生锈；上述配件洗涤后脱落或腐蚀生锈
色差	22	面料、里料色差不符合标准规定半级；里料影响色差低于3级	面、里料色差不符合本标准规定半级以上	—
疵点	23	2、3号部位超过标准规定	1号部位超过标准规定	—
针距	24	低于标准规定2针以内（含2针）	低于标准规定2针以上	—

注　1.以上各缺陷按序号逐项累计计算。

　　2.本表未涉及的缺陷可根据标准规定，参照规则相似缺陷酌情判定。

　　3.丢工为重缺陷，缺件为严重缺陷。

　　4.理化性能一项不合格即判定为该抽验批次不合格。

6.5 包装、贮存和运输

（1）每套学生装用薄膜塑料袋包装，并附统一的合格证。

（2）按班级打包，每班一个大包装，内附装箱（包）单，包装外注明学校、班级、男女装各多少套，并采取防水（雨）措施。

（3）特殊情况下，按与管理部门或学校的协议条款执行。

附录

附录1　GB/T 31888—2015《中小学生校服》国家标准

1.　范围

本标准规定了中小学生校服的技术要求、试验方法、检验规则以及包装、贮运和标志。

本标准适用于以纺织织物为主要材料生产的、中小学生在学校日常统一穿着的服装及其配饰。其他学生校服可参照执行。

2.　规范性引用文件

下列文件对于本文件的应用是必不可少的。凡是注日期的引用文件，仅注日期的版本适用于本文件。凡是不注日期的引用文件，其最新版本（包括所有的修改单）适用于本文件。

GB/T 250　纺织品　色牢度试验　评定变色用灰色样卡

GB/T 1335　服装号型（所有部分）

CB/T 2910　纺织品　定量化学分析（所有部分）

GB/T 2912.1 纺织品　甲醛的测定　第1部分：游离和水解的甲醛（水萃取法）

GB/T 3920　纺织品　色牢度试验　耐摩擦色牢度

GB/T 3921—2008　纺织品　色牢度试验　耐皂洗色牢度

GB/T 3922　纺织品　色牢度试验　耐汗渍色牢度

GB/T 3923.1　纺织品　织物拉伸性能　第1部分：断裂强力和断裂伸长率的测定（条样法）

GB/T 4802.1—2008　纺织品　织物起毛起球性能的测定　第1部分：圆轨迹法

GB/T 4802.3　纺织品　织物起毛起球性能的测定　第3部分：起球箱法

GB 52964　消费品使用说明　第4部分：纺织品和服装

CB/T 5713　纺织品　色牢度试验　耐水色牢度

GB/T 6411　针织内衣规格尺寸系列

GB/T 7573　纺织品　水萃取液 pH 值的测定

GB/T 7742.1　纺织品　织物胀破性能　第 1 部分：胀破强力和胀破扩张度的测定液压法

GB/T 8427—2008　纺织品　色牢度试验　耐人造光色牢度：氙弧

GB/T 8628　纺织品　测定尺寸变化的试验中织物试样和服装的准备、标记及测量

GB/T 8629—2001　纺织品　试验用家庭洗涤和干燥程序

GB/T 8630　纺织品　洗涤和干燥后尺寸变化的测定

GB/T l3772.2　纺织品　机织物接缝处纱线抗滑移的测定　第 2 部分：定负荷法

GB/T 13773.1　纺织品　织物及其制品的接缝拉伸性能　第 1 部分：条样法接缝强力的测定

GB/T 14272　羽绒服装

GB/T 14576　纺织品　色牢度试验　耐光、汗复合色牢度

GB/T 14644　纺织品　燃烧性能　45°方向燃烧速率的测定

GB/T 17592　纺织品　禁用偶氮染料的测定

GB 18383　絮用纤维制品通用技术要求

GB 18401　国家纺织产品基本安全技术规范

GB/T 19976　纺织品　顶破强力的测定　钢球法

GB/T 23319.3　纺织品　洗涤后扭斜的测定　第 3 部分：机织服装和针织服装

GB/T 23344　纺织品　4–氨基偶氮苯的测定

GB/T 24121　纺织制品　断针类残留物的检测方法

GB/T 28468　中小学生交通安全反光校服

GB/T 29862　纺织品　纤维含量的标识

GB 31701　婴幼儿及儿童纺织产品安全技术规范

GB/T 31702　纺织制品附件锐利性试验方法

3.　术语和定义

下列术语和定义适用于本文件：

（1）校服（School Uniforms）：学生在学校日常统一穿着的服装，穿着时形成学校的着装标志。

（2）配饰（Accessones）：与校服搭配的小件纺织产品，例如领带、领结和领花等。

4.　要求

（1）号型：中小学生制服号型的设置应按 GB/T 1335 或 GB/T 6411 规定执行，超出标准

范围的号型按标准规定的分档数值扩展。

（2）安全要求与内在质量：一般安全要求与内在质量应符合附表1的规定。

附表1　安全与内在质量要求

项　目		要　求
纤维含量		符合GB/T 29862要求
甲醛含量		符合GB 18401的B类要求
可分解致癌芳香胺染料		
pH值		
异味		
燃烧性能		按GB 31701执行
附件锐利性		
绳带		
残留金属针		
染色牢度／级≥	耐水（变色、沾色）	3～4
	耐汗渍（变色、沾色）	3～4
	耐摩擦（干摩）	3～4
	耐摩擦（湿摩）	3
	耐皂洗（变色、沾色）	3～4
	耐光汗复合 a	3～4
	耐光 b	4
起球 b／级≥		3～4
顶破强力（针织类）≥		250
断裂强力（机织类）≥		200
胀破强力（毛针织类）≥		245
接缝强力／N ≥	面料	140
	里料	80
接缝处纱线滑移（机织类）／mm ≤		6

项　目		要　求
水洗尺寸变化率	针织类（长度，宽度）	−4 ~ +2
	梭织类（长度、胸宽）	−2.5 ~ +1.5
水洗尺寸变化率	机织类（腰宽、领大）	−1.5 ~ +1.5
	毛针织类（长度、宽度）	−5 ~ +3
水洗后扭曲率 b/%	上衣、筒裙	5
	裤子	2.5
水洗后外观	绣花和接缝部位处不平整	允许轻微
	面里料缩率不一，不平服	允许轻微
	涂层部位脱落、起泡裂纹	不允许
	敷黏合衬部位起泡、脱胶	不允许
	破洞、缝口脱散	不允许
	附件损坏、明显变色、脱落	不允许
变色		不低于 4 级
其他严重影响服用的外观变化		不允许

注　轻微是指直观上不明显，目测距离 60 cm 观察时，仔细辨认才可看出的外观变化。

1. 仅考核夏装。

2. 仅考核校服的面料。

3. 松紧下摆和裤口等产品不考核。

（3）织物纤维成分及含量：校服直接接触皮肤的部分，其棉纤维含量标准应不低于35%。

（4）填充物：防寒校服的填充物应符合GB 18401 B类要求以及GB 18383或GB/T 14272的要求。

（5）配饰：配饰应符合GB 18401 B类要求和GB 31701的锐利性要求。领带、领结和领花等宜采用容易解开的方式。

（6）高可视警示性：如果需要配置高可视警示性标志，应符合GB/T 28468的要求。

5. 外观质量

中小学生制服的外观质量应符合附表2的要求。

附表2 外观质量要求

项 目		要 求
色差	单件	面料不低于4级，里料不低于3~4级
	套装，同批	不低于3~4级
布面疵点		主要部位不允许，次要部位允许轻微
对称部位互差	<20 mm	5mm
	≥20mm	8mm
对条对格（≥10 mm的条格）		主要部位互差不大于3mm，次要部位互差不大于6mm
门襟里襟		允许轻微的不平直，门襟里襟长度互差不大于4mm；里襟不可长于门襟
拉链		允许轻微的不平服和不顺直
烫黄、烫焦		不允许
钉扣、扣眼		锁眼、钉扣封结牢固，眼位距离均匀，互差不大于4mm；扣位与眼位互差不大于3mm
缝线		无漏缝和开线。主要部位不允许有明显的不顺直、不平服、绲明线宽窄不一
绱袖		圆顺，前后基本一致
领子		平服，小反翘，领尖长短或驳头宽窄互差不大于3 mm
口袋		袋与袋盖方正、圆顺，前后、高低一致
覆黏合衬部位		不允许起泡脱胶和渗胶

注 1.布面疵点的名称及定义见GB/T 24250和GB/T 24117。

2.轻微是指直观上不明显，目测距离60 cm观察时，仔细辨认才能看出的外观变化。

3.对称部位包括裤长、袖长、裤口宽、袖口宽肩缝长等。

4.主要部位指上衣上部2/3，裤子和长裙身身中部1/3，短裤和短裙前身下部1/2。

（1）试验方法。

①纤维含量的测定，按GB/T 2910或相关方法执行。

②甲醛含量的测定，按GB/T 2912.1执行。

③可分解致癌芳香胺染料的测定，按GB/T 17592及GB/T 23344执行。

④pH值的测定，按GB/T 7573执行。

⑤异味的测定，按GB 18401中异味检测方法执行。

⑥燃烧性能的测定，按GB/T 14644执行。

⑦附件尖端和边缘的锐利性测定，按GB/T 31702执行。

⑧绳带长度采用钢直尺或钢卷尺测定，其自然状态下的伸直长度，记录至1mm。

⑨残留金属针的测定，按CB/T 24121执行。

⑩耐水色牢度的测定，按GB/T 5713执行。

⑪耐汗渍色牢度的测定，按GB/T 3922执行。

⑫耐摩擦色牢度的测定，按GB/T 3920执行。

⑬耐皂洗色牢度的测定，按GB/T 3921—2008的试验条件A（1）执行。

⑭耐光汗复台色牢度的测定，按GB/T 14576执行。

⑮耐光色牢度的测定，按GB/T 8427—2008的方法3执行。

⑯机织类和针织类校服起球的测定，按GB/T l802.1—2008的方法E执行，毛针织类校服起球的测定，按GB/T 4802.3执行，精梳产品翻动14400r，粗梳产品翻动7200r。

⑰顶破强力的测定，按GB/T 19976执行，钢球直径为38mm。

⑱断裂强力的测定，按GB/T 3923.1执行。

⑲胀破强力的测定，按GB/T 7742.1执行，实验面积为7.3cm²。

⑳接缝强力的测定，按GB/T 13773.1执行，拉伸试验仪隔距长度为100mm。以试样断裂强力为试验结果（无论何种破坏原因）。从每件产品以下部位各取一个试样：试样长度为200 mm，接缝与试样长度垂直并处于试样中部面里料缝合在一起的取组合试样：裤后裆缝在紧靠臀围线下方；后袖窿缝以背宽线与袖窿缝交点为中心。

（2）接缝处纱线滑移的试样准备。参照GB/T 13773.1的规定，从每件产品上的以下部位各取两个试样，测定程序按GB/T 13772.2执行，分别计算每个部位两个试样的平均值：

①面料：

后背缝：以背宽线为中心。

袖缝：袖窿缝与袖缝缝交点处向下10 cm（两片袖时取后袖缝）。

下裆缝：下裆缝上1/3点为中心。

裙缝：以臀围线为中心，或紧靠拉链下方。

②里料：

后背缝：以背宽线为中心。

裙缝：以臀围线为中心，或紧靠拉链下方。

（3）水洗尺寸变化率的测定按GB/T 8628、GB/T 8629—2001和GB/T 8630执行。机织类校服和针织类校服采用GB/T 8629—2001中程序洗涤和悬挂晾干，毛针织类校服采用GB/T 8629—2001中程序洗涤（试验总负荷1 kg）和烘箱烘燥。测量部位长度为衣长、裤长和裙长，宽度为胸宽、腰宽和横裆，领大为立领的领圈长度。

（4）水洗后扭曲率的测定，按GB/T 23319.3的侧面标记法（裤子以内侧缝与裤口边，裙子以侧缝与底边）执行。

（5）水洗后外观试验方法：将完成水洗的产品平铺在平滑的台面上，依次观察和记录外观变化。其中，变色按GB/T 250评定。

（6）外观质量一般采用灯光检验，用40W青光或白光灯一支，上面加灯罩，灯罩与检验台面中心垂直距离为80 cm±5 cm。如果在室内采用自然光，光源射入方向为北向左（或右）上角，不能使阳光直射产品。将产品平放在检验台上，检验人员的视线应正视产品的表面，眼睛与产品的中间距离约60 cm。

（7）色差的测定，按GB/T 250执行。

（8）对称部位尺寸的测量，按GB/T 8628执行。

6.抽样检验规则

（1）按同一品种、同一色别的产品作为检验批。

（2）安全要求与内在质量按批随机抽取4个单元样本，其中3个用于承洗尺寸变化率、水洗后扭曲率、水洗后外观、接缝强力和接缝处纱线滑移的测定，1个用于其他项目试验（该样本抽取后密封放置，不应进行任何处理）。配饰的取样数量应满足试验需要。

注意：接缝强力和接缝处纱线滑移的试样从完成水洗后试验的样本上取样。

（3）外观质量的检验抽样方案见附表3（单位为套或件）。

附表3　检验抽样方案

批量/（N）	样本量/（n）	接收数/（Ac）	拒收数/（Re）
≤15	2	0	1
16~25	3	0	1
26~90	5	0	1
91~150	8	0	1
151~280	13	0	1
281~500	20	1	2
501~1200	32	2	3
≥1201	50	3	4

7.安全要求与内在质量的判定

（1）所有色牢度检验结果符合附表1要求的判定该项批产品合格，否则为批不合格。

（2）水洗尺寸变化率以3个样本的平均值作为检验结果，符合附表1要求的判定该项批产品合格，否则为批不合格。若3个样本中存在收缩与倒涨时，以收缩（或倒涨）的两个样本的平均值作为检验结果。

（3）水洗后扭曲率以3个样本的平均值作为检验结果，符合附表1要求的判定该项批产品合格，否则为批不合格。

（4）水洗后外观质量检验，分别对3个样本按附表1要求进行评定，2个及以上符合附表1要求时判定该项批产品合格，否则为批不合格。

（5）接缝强力和接缝处纱线滑移以3个样本的平均值作为检验结果，符合附表1要求的判定该项批产品合格，否则为不合格。接缝处纱线滑移试验出现织物断裂、滑脱、缝线断裂的现象，判定为不合格。

8.外观质量的判定

按附表2对批样的每个样本进行外观质量评定，符合附表2要求的为外观质量合格，否则为不合格。如果外观质量不合格样本数不超过附表3的接收数（Ae），则该批产品外观质量合格。如果外观质量不合格样本数达到了附表3的拒收数（Re），则该批产品不合格。

9.结果判定

按质量检验标准判定均为合格，则该批产品合格。

10.包装、贮运和标志

（1）产品按件（或套）包装，每箱件数（或套数）根据协议或合同规定。

（2）应保证在贮运中包装不破损，产品不沾污、不受潮。包装中不应使用金属针等锐利物。

（3）产品应存放在阴凉、通风、干燥的库房内，注意防蛀、防霉。

（4）每个包装单元应附使用说明，使用说明应符合GB 5296.4的要求，至少包含下列内容：

①服装号型、配饰规格（产品主体的最大标称尺寸，以cm为单位）。

②纤维成分及含量。

③维护方法。

④产品名称。

⑤本标准编号。

⑥安全技术要求类别。

⑦制造商名称和地址。

⑧如果需要，要有产品的储存方法。

其中，每件校服上应有包括①～③项内容的耐久性标签，并放在侧缝处，不允许在衣领处缝制任何标签。④～⑧项内容应采用吊牌、资料或包装袋等形式提供。

接缝强力和接缝处纱线滑移试验取样示意如附图1、附图2所示。

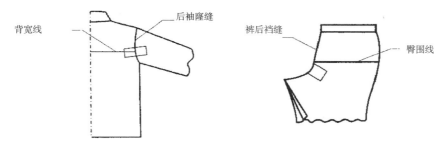

附图1　接缝强力取样示意图

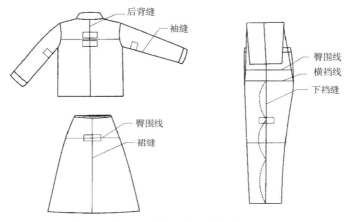

附图2　接缝处纱线滑移取样示意图

附录2　儿童服装标准

随着我国改革开放步伐加大，我国儿童服装产业发展迅猛，国内市场环境已悄然改变，童装的产业环境也在改善，目前我国童装产业正面临着全面的产业升级。

2006年是中国童装行业转变经营模式、实现整体升级的重要年份，审视目前童装行业发展现状，提升行业核心竞争力，改进行业弊端是尤为重要的。从宏观层面和微观角度来讲，童装产业即将迎来发展的"盛世"，在盛世中品牌是产品竞争的核心内容，品牌的基础是产品质量和服务质量。了解和掌握相应国家标准，是企业提高产品质量的重要保障之一。

1.童装产品指标依据标准

童装产品质量按GB 18401—2016强制性国家标准和产品所执行的标准进行综合考核。

（1）GB 18401—2016《国家纺织产品基本安全技术规范》强制性国家标准是为了保证纺织产品对人体健康无害而提出的最基本的要求，考核5个指标、9项内容，甲醛、pH值、色牢度（耐水、耐汗渍、耐摩擦、耐唾液）、异味、可分解芳香胺染料。标准中将产品分为3类：

A类：婴幼儿用品，甲醛含量≤20mg/kg；B类：直接接触皮肤的产品，甲醛含量≤75mg/kg；C类：非直接接触皮肤的产品，甲醛含量≤300mg/kg。

A类和B类产品的pH值允许在4～7.5的范围，C类产品的pH值允许在4～9的范围。

A类婴幼儿用品，耐水、耐汗渍色牢度要求≥3～4级，耐干摩擦、耐唾液色牢度要求≥4级；B类和C类产品耐水、耐汗渍、耐干摩擦色牢度都要求≥3级，3类产品均要求无异味，禁止使用在还原条件下分解出芳香胺染料的面料。

（2）童装产品一般选用机织面料和针织面料，成品根据面料性能选择相应的标准，因为面料不同标准考核的指标内容不同。

例如，机织面料童装产品，主要按FZ/T 81003—2016《儿童服装、学生服》标准考核，产品标准中考核服装标识、外观缝制质量、耐洗色牢度、耐湿摩擦色牢度、耐干洗色牢度、耐光色牢度、成品主要部位缩水率、起毛起球、纤维含量等指标。

针织类童装产品，主要按FZ/T 73008—2002《针织T恤衫》、FZ/T 73020—2016《针织休闲服装》、GB/T 8878—2014《棉针织内衣》等标准考核，产品标准中考核标识、外观质量、耐光、汗复合色牢度、耐洗色牢度、耐湿摩擦色牢度、水洗尺寸变化率、水洗后扭曲率、弹子顶破强力、起球、纤维含量等指标。

2.童装强制性国家标准

中国国家市场监督管理总局、国家标准委发布的强制性国家标准GB 31701—2015《婴幼儿及儿童纺织产品安全技术规范》。此为中国第一个专门针对婴幼儿及儿童纺织产品（童装）的强制性国家标准。该标准于2016年6月1日正式实施。

记者从国家市场监督管理总局当日举行的新闻发布会上了解到，鉴于婴幼儿和儿童群体的特殊性，该标准在原有纺织安全标准的基础上，进一步提高了婴幼儿及儿童纺织产品的各项安全要求，安全要求全面升级。

在化学安全要求方面，标准增加了6种增塑剂和铅、镉两种重金属的限量要求。在机械安全方面，标准对童装头颈、肩部、腰部等不同部位绳带作出详细规定，要求婴幼儿及7岁以下儿童服装头颈部不允许存在任何绳带；同时，标准对纺织附件也做出了规定，要求附件应具有一定的抗拉强力，且不应存在锐利尖端和边缘。另外，该标准还增加了燃烧性能要求。

依据年龄不同，该标准将童装分为两类，适用于年龄在36个月及以下的婴幼儿穿着的为婴幼儿纺织产品；适用于3岁以上、14岁及以下的儿童穿着的为儿童纺织产品。

按安全要求的不同，标准将童装安全技术类别分为A、B、C三类，A类最佳，B类次之，

C类是基本要求。且要求婴幼儿纺织产品应符合A类要求，直接接触皮肤的儿童纺织产品至少应符合B类要求，非直接接触皮肤的儿童纺织产品至少应符合C类要求。

该标准同时要求童装应在使用说明上标明安全类别，婴幼儿纺织产品还应加注"婴幼儿用品"。

附录3 纺织品服装标志

GB 5296.4—2012《纺织品消费者使用说明》标准和GB 18401—2016《国家纺织品产品基本安全技术规范》，其中2项（第6、7条）可以不标注，其余9项内容必须标注。

1.吊牌内容
产品名称、安全类别、执行标准、号型规格、质量等级、纤维含量、出厂检验、生产企业名称、地址、电话。

2.耐久性标签
号型规格、成分含量、洗涤方法

3.制造者的名称和地址
应标明服装制造者依法等级注册的名称和地址。

4.产品名称
产品名称应表明产品的真实属性，应使用不会引起消费者误解和混淆的常用名称或者俗名。

附录4　学生制服面料检测标准

学生制服面料送到质检部门主要做以下8个检测项目，其中前3个项目的检测主要是检测色牢度（是否褪色）主要是针对染色牢固度的检测，第4～6项主要是检测纤维及染料加试过程中所产生的化学成分主要指标，第7项主要检测纤维成分，第8项检测染料致癌成分的主要指标。

1.耐汗渍色牢度

人体的汗渍对面料染色破坏程度，人体汗液含有盐分、油脂及其他有机化学成分，这些物质对的颜色和纤维具有破坏性。

2.耐水色牢度

因为我们的织物需要经常水洗或者受雨水浸泡，水分子对织物的染色有一定程度的破坏，好的学生制服面料是具有较强的耐水性。染色在水分子中呈现不稳定，很多织物经过水洗后出现褪色，这就是耐水色牢度不够，中小学生制服就很容易变色，只穿几次就显得陈旧。

3.耐干摩擦色牢度

学生制服是学生穿的衣服，学生好动，织物与织物或与外界产生摩擦，摩擦过多的地方就呈现掉色的现象，因此要检测织物纤维在摩擦过程中的色牢度。

4.甲醛含量

甲醛是在织物的染色、固定纤维常使用的一种化学原料，一般好的学生制服面料会对甲醛进行处理，达到国家标准，通常标准甲醛含量为 $\leqslant 75 \, mg/kg$。

5.pH值

pH值即面料的酸碱程度，一般国家标准pH值为4.0～8.5。

6.异味

国家标准要求中小学生制服无任何异味。

7.纤维成分及其含量

纤维成分是对中小学生制服的面料纤维分析，化学纤维与棉纤维的比例，这个没有国家统一的标准，但纤维结构和比例一定要适合中小学生制服制作的美感、耐摩、大多采用各占50%面料制作中小学生制服。

8.可分解致癌芳香胺染料

这项检测一共24项内容，有的甚至更多，国家标准一般为检测24种物质总量要≤20mg/kg。

参考文献

[1] 中华人民共和国国家质量监督检验检疫总局，中国国家标准化管理委员会. GB/T 31888—2015 中华人民共和国国家标准　中小学生校服 [S].北京：中国标准出版社，2015.

[2] 中华人民共和国国家质量监督检验检疫总局，中国国家标准化管理委员会. GB/T 22854—2009 中华人民共和国国家标准　针织学生服 [S].北京：中国标准出版社，2009.

[3] 中华人民共和国国家质量监督检验检疫总局，中国国家标准化管理委员会. GB/T 23328—2009 中华人民共和国国家标准　机织学生服 [S].北京：中国标准出版社，2009.

[4] 中华人民共和国国家质量监督检疫总局，中国国家标准化管理委员会。GB/T 31701—2015 中华人民共和国国家标准婴幼儿及儿童纺织产品安全技术规范 [S].北京：中国标准出版社，2015.

[5] 范树林.文化服装讲座6.产业篇[M].新版.北京：中国轻工业出版社，2011.

[6] 杨秀月，周双喜，施琴. GB/T 31888—2015中小学生校服标准解读[J].纺织检测与标准，2015（1）：36～39.

[7] 范树林.服装生产项目化教程[M].北京：高等教育出版社，2012.

[8] 中华人民共和国国家质量监督检验检疫总局，中国国家标准化管理委员会. GB/T 24117—2009 中华人民共和国国家标准针织物疵点的描述术语[S].北京：中国标准出版社，2009.

[9] 中华人民共和国国家质量监督检验检疫总局，中国国家标准化管理委员会. GB/T 24250—2009 中华人民共和国国家标准机织物疵点的描述术语[S].北京：中国标准出版社，2009.